AI 시대 과학과 문화

AI 시대 과학과 문화

조숙경 지음

북스힐

서문

자연과 인간의 관계는 역사적으로 크게 변화되어왔다. 1999년에 처음 번역 출간된 책 〈2500년 과학사를 움직인 인물들〉의 원제는 〈Man Masters Nature(인간이 자연을 정복하다)〉이다. 의학사를 전공했고 석사 시절 은사님이기도 한 로이 포터(Roy Porter) 교수는 갈릴레오, 뉴턴, 파스퇴르, 닐스 보어, 앨런 튜링을 포함한 16명 과학자들의 삶과 업적을 통해 과학의 역사를 조망하고자 했다. 그는 과학의 역사란 결국 인간이 자연을 이해하고 정복해 온 역사라고 말하고자 했다.

하지만 2500년 전 과학이 탄생하기 이전에는 자연과 인간의 관계가 완전히 달랐다. 인간은 자연에 오히려 의존하고(Man depends on Nature) 또 순응하는 존재였다. 자연현상(비, 번개, 태풍)은 신비하고 두려운 대상이었고, 그 두려움의 근저에는 예측불가능성이 있었다. 과학은 그 두렵고 예측 불가능한 변화, 즉 자연 속에 숨어 있는 규칙성과 질서를 찾아내고 인간이 이해할 수 있도록 해주었다. 근대과학은 자연을 이해할 수 있겠다는 인간의 용기가 이뤄낸 성취였다. 증기엔진과 철도와 함께 시작된 산업혁명을 거치면서 인간은 점차 인간중심주의로 움직였고, 기술의 진보는 인간중심주의를 더욱 강화시켰다. 자연은 이제 인간의 용구를 충족시키는 도구로 인식되었다.

20세기 전반기 과학과 기술의 발전은 인류문명의 발전을 상징했지만, 20세기 중반을 지나면서 빠른 산업화가 진행되고, 또 산업화에 따른 환경오염과 심각해진 생태계 파괴를 경험하면서 환경운동이 새롭게 시작되었다. 특히 스톡홀름 회의(1972)에서 리우 회의(1992)를 거치는 동안 출현한 지속가능발전이라는 개념은 자연이 인간을 위해 봉사하는, 인간이 활용하기 위한 자원이 아니라는 인식을 확대시켰다. 지구는 살아있는 생명체로 인식되었으며, "자연의 어머니(Mother Earth)"로 불리게 되었고, 제임스 러브록은 지구가 스스로 자기조절 되는 시스템이라는 가이아 이론을 주창했다.

21세기 들어 자연과 인간의 관계는 '공존의 관계', '상호의존적 관계'(Man co-depends on Nature)로 인식되기 시작했다. 기후재앙으로까지 불리는 기후위기, 생물다양성 위기, 물과 식량 부족, 코로나와 같은 새로운 질병 문제, 에너지 위기 등을 경험하면서 생태중심주의(Ecocentrism)라는 새로운 패러다임이 등장하여 자연과 인간의 동등한 가치를 인정하며 생태계 전체의 보전을 강조하는 것이다. 여기에 더해 21세기에는 기술의 발전으로 인간과 자연의 관계를 넘어 인간과 기계의 관계에 대한 새로운 인식이 생겨나고 또 확산되고 있다. 미국 와이어드의 편집장 케빈 켈리(Kevin Kelly)가 그의 저서 〈통제불능, 인간과 기계의 미래 생태계〉에서 주장하듯이 기술적인 시스템이 자연의 시스템을 모방하여 살아있는 생물과 기계가 더 이상 구분될 수 없는 시대가 도래한 것이다. 인공지능(AI)은 과연 인간지능(HI)을 뛰어넘을 것인가? 특이점(Singularity)은 언제쯤 가능할 것인가? 인공지능이 인간지능을 뛰어넘는 시대에 인간은 과연 어떻게 살 것인가?

2024년 10월, 캐나다 퀘벡대학교 제프리 힌튼(Jeffrey Hinton) 교수는 새벽 2시가 약간 넘은 시간에 한 통의 전화를 받게 된다. 건강상 MRI 촬영을 위해 캘리포니아 싸구려 호텔에서 머물던 그는 노벨상 수상 소식을 듣고 엄청나게 놀랬다. 노벨상 웹사이트 담당자는 그에게 축하의 인사말을 건네며 전화 인터뷰를 시작한다. AI의 대부가 인터넷도 잘 연결되지 않는 호텔에서 새벽 3시가 가까워진 시간까지 두 사람은 흥미롭고도 재미난 인터뷰를 진행하고, 이 인터뷰는 고스란히 노벨상 웹사이트에 올려졌다. MRI 병원 예약을 취소해야겠다며 힌튼은 묻는다. 왜 물리학자도 아닌 자신이 수상자로 선정되었는지 모르겠다고? 그러자 그 담당자는 오히려 다시 질문한다. "인공지능의 대부로 불리면서도 전 세계에 AI의 위험성을 경고하고 구글사를 퇴사했던 당신을 노벨상 위원회가 수상자로 선정한 이유가 무엇이겠습니까?"라고. 제프리 힌튼은 거침없이 대답한다. "그것은 나에게 노벨상이라는 세계적인 권위의 힘을 실어줌으로써 전 세계 AI 강대국들에게 그리고 글로벌 빅테크 회사들에게 AI의 안정성(AI Safety)에 대한 연구의 중요성을 알리라는 것이라고 생각합니다"라고.

2025년 넥서스라는 책을 출간하면서 전 세계 투어 강연에 나서고 있는 유발 하라리(Yval Harari) 교수는 AI와 인간의 미래라는 일련의 강연에서 AI는 외계 생물체처럼 스스로 아이디어를 생산하고 결정하는 존재로 '신뢰성(Trust)'이라는 측면에서 인간사회에 심각한 위험을 던져주고 있다고 말한다. 역사학자인 그는 역사란 과거의 사건들을 설명하는 것이 아니라 과거 혹은 현재 나아가 미래에 일어났거나 일어날 **변화를 설명하는** 것이라면서 역사가 우리에게 던져주는 교훈은 분명하다고 말한다. 유전자에서 인간과 그 차이가 1.2%에 불과한 침팬지나 원숭이가 아닌 인간이 바로 지구를 지배하게 된 이유는 지능이 더 뛰어나기 때문이 아니라는 것이다. 그것은 인간만이 서로 신뢰할 수 있는 시스템을 구축했기 때문이며, AI가 더 발전하기 전에 인간들 사이의 신뢰 시스템을 구축하는 일이 급선무라고 일갈했다. 그는 "우리가 협력하지 않으면, 우리가 서로 상호신뢰하는 문화를 만들지 않으면, 우리는 AI의 지배를 받게 된다"며 경고하고 있다.

이 책에 실린 40편의 글들은 '인간과 자연의 공존' 그리고 '인간과 기술의 공존'이라는 커다란 주제들을 과학문화라는 차원에서 고민하면서 쓴 글들이다. 과학적 지식과 정보뿐만 아니라 과학적 방법과 태도, 가치 및 방향성 등을 독자들과 공유하고 함께 고민하기 위해 필자가 지난 20여년 동안 국내 일간지와 월간지 및 온라인 매체에 기고했던 글들을 모은 이 책은 총 3부로 구성되었다.

제1부는 디지털로 가속화되는 세상에서 우리가 가져가고 싶은 가치와 방향이 무엇인가에 대해 고민하면서 쓴 글들로 〈첨단기술과 마주하는 방식〉이다. 제2부는 4차 산업혁명과 인공지능, 기후재난시대, 에너지 대전환 시대라는 급변하는 시대에 우리 교육이 지향해야 하는 것이 무엇인가를 고민하는 〈교육과 접목하는 방식〉이다. 제3부는 기술과 문학, 영화, 예술, 철학 등의 인문사회학과의 융합이 가져가야 할 가치와 방향성을 제안하는 〈미래를 준비하는 방식〉이다.

이 책은 과학기술계를 대표하는 제프리 힌튼 교수가 이 책은 과학기술계를 대표하는 제프리 힌튼 교수가 강조하는 'safety' 그리고 인문학계를 대표하는 유발 하라리 교수가 강조하는 'trust'라는 두가지 가치를 중심에 두고 쓰여졌다. 모쪼록 이 책에 실린 글들이 AI를 비롯한 최첨단 기술과 인간의 공존을 생각할 수 있는 계기가 되고, 나아가 인간과 기술의 조화로운 동반자의 길이 무엇인지를 고민하고 논의해볼 수 있는 작은 시작이 되기를 소망한다. 이 책에서 발견되는 오점은 모두 필자의 책임임을 미리 말해둔다. 끝으로 시간을 내어 서툰 내 글을 친절하게 읽고 적절한 코멘트를 해주는데 열심이었던 남편에게 깊은 존경과 사랑의 맘을 전한다.

차례

제2부

교육과 접목하는 방식

제3부

미래를 준비하는 방식

제1부

첨단기술과 마주하는 방식

1

과연 우리는 다른 세상에 살게 되었는가?

- 코로나팬데믹이 과학커뮤니케이션에 던진 과제들

"코로나 광풍은 지나갈 것이고 우리 인류는 생존할 것이다. 하지만 그때 우리는 지금과는 완전히 다른 세상에 살게 될 것이다." 2020년 3월 영국 파이낸셜 타임즈에 등장한 특별 기고에 실린 내용이다. 〈사피엔스〉와 〈21세기를 위한 21가지 교훈〉이라는 저서로 세계적 명성을 쌓고 있는 이스라엘의 역사학자인 유발 하라리 교수가 〈코로나 이후의 세계〉에서 인류의 미래를 진단한 것이다. 당시 그는 우리가 무엇을 선택하느냐에 따라 미래가 달라질 것이라고 말하면서 글로벌 연대와 협력이 무엇보다 중요하다고 강조했다. 자국의 이익만을 선택한다면 인류 분열이라는 큰 재앙에 직면할 것이지만, 국가 간의 글로벌 협력과 연대를 택한다면 코로나 바이러스는 물론이고, 21세기에 또다시 직면하게 될 모든 전염병을 상대로 승리할 것이라고 말했다.

그로부터 정확히 3년이 지났다. 코로나 바이러스는 "사회 모든 분야가 그리고 전 세계의 모든 개개인이 함께 싸워 나가야 할" 대상이라고 말했던 아드하놈 거브러여수스 세계보건기구(WHO) 사무총장은 팬데믹의 끝이 보이기 시작한다는 말을 조심스럽게 꺼냈다. 연말이 되면 코로나 이전의 일상으로 되돌아갈 수도 있을 것이라는 희망의 메시지로 함께 보였다. 정말로 2022년 말에는 전 세계의 주요 도시들이 화려한 불꽃놀이 속에서 서로를 감싸 안으며 새해를 맞이하는 감동의 장면을 연출했다. 우리나라도 1월 말부터 실내 마스크 의무가 해제되었으며,한 화장품 회사는 거래액이 작년 대비 200%나 증가했다며 기쁨의 환호성을 질렀다. 백화점에 진열되어있는 화장품 앞을 지나다 잠깐 멈춰서서 이 봄에 유행한다는 립스틱을 발라보며 미소짓던 평범한 일상이 다시 돌아오고 있는 것이다. 3년이라는 긴 코로나 팬더믹의 터널 속에서 우리는 빠져나오고 있는 중이다.

그렇다면 우리는 거리에 내 걸린 〈코로나 이전 일상으로의 복귀〉라는 현수막의 글귀처럼 이전으로 돌아가고 있는가? 이전과 같은 일상으로 되돌아가고 있는 중인가? 아니면 유발 하라리 교수가 말한 대로 코로나 팬더믹 이전과는 완전히 다른 세상에서 살게 된 것인가? 이 아주 간단하면서도 복잡한 질문에 대한 대답은 보는 관점에 따라 많이 달라질 수 있을 것이다. 하지만 그 어떤 대답을 내놓더라도 부인할 수 없는 분명한 사실 하나는 우리 시대의 모든 사람들이, 지구 남반구건 북반부건, 선진국에서 살건 저개발국가에서 살건, 동일한 집단적 경험을 했다는 사실이다. 정확하게 정리하거나 규정할 수는 없다고 하더라도 그 집단적인 경험으로부터 분명히 새롭게 깨닫고 배운 것이 있다는 것이다. 자유롭게 오고 가던 국가 간 출입문을 폐쇄해야만 했고, 보고 싶은 사람들을 만나지도 못하고 떠나보내야 하는 고통을 견뎌야 했으며, 지극히 사소한 일상조차도 멈추어야만 했던 초유의 시련을 겪고 또 견뎌내면서 우리는 과연 무엇을 깨닫게 되었을까? 전 세계 230개국에서 6백 8십만명 이상이라는 엄청난 사람들이 세상을 떠났고, 우리는 열심히 손을 씻고, 마스크를 구매하면서 견뎌냈는데, 코로나 팬더믹은 과연 우리에게 어떤 교훈을 남겼는가?

코로나 팬데믹이 아직 한참 진행 중이던 2022년 초여름에 이러한 질문에 대한 답을 찾기 위해 글로벌 차원에서 그리고 과학커뮤니케이션 분야에서 각각 중요한 일들이 일어났다. 하나는 〈기후재앙을 피하는 방법〉이라는 책을 출간한 지 1년도 지나지 않은 세계적인 기업가 빌 게이츠가 〈넥스트 팬데믹을 대비하는 법〉이라는 새로운 책을 출간했다는 것이다. 그는 세계가 코로나-19로부터 무엇을 배웠는지를 한번 돌아보자면서 넥스트 팬데믹이 도래했을 때를 대비하자고 했다. 그는 누가, 무엇을, 어떻게 해야 팬더믹의 폐해를 최소화하면서 재빨리 종식시킬 수 있는지에 초점을 맞춘 이른바 〈액션 플랜〉도 제시했다. 아직 팬데믹이 진행 중인 시점에 출간되었음에도 책에 대한 반응은 매우 뜨거웠다. 그는 팬데믹이 도래했을 때 제일 중요한 것은 초기 신호를 감지하고 효과적으로 억제하는 방법을 찾는 것이라고 강조하면서 일본에서 시작된 마스크 쓰기와 사회적 거리두기는 나름 효과적이었다고 판단했다.

그렇지만 무엇보다 중요한 것은 재빠른 시간 안에 바이러스에 대응하는 백신을 개발해내는 일이며 그것을 널리 상용화하는 일이라고 진단했다. 그는 이러한 일을 전담하기 위해 새로운 조직인 GERM(Global Epidemic Response and Mobilization, 글로벌전염병대응과동원)을 신설할 것도 주장했다.

그가 제안한 GERM은 전체 인류에게 직면하게 될 팬데믹의 예방이라는 명확한 미션을 표방하는 글로벌 공공기관이다. 이 기구에 부과되는 특별한 역할은 기존의 WHO 국제기구와 같은 것으로, 팬데믹의 선언 여부를 공식적으로 결정할 수 있는 신뢰와 권한을 가진다는 것이다. 그는 GERM이 제대로 운영되기 위해서는 대략 3,000명 정도의 전문가들이 상주해야 하며, 이들전문가 그룹에는 전염병학, 유전학, 약물 및 백신 개발과 관련한 바이오 전문가들 뿐만 아니라 데이터 시스템이나 컴퓨터 모델링과 관련된 IT 전문가, 외교 및 정책 대응을 위한 커뮤니케이션 전문가, 물류와 유통 등의 경제전문가들이 포함되어야 한다고 제안했다. 넥스트 팬더믹에 대응하는 최선의 방법은 다양한 분야 전문가들의 융합 그리고 이들 간의 소통을 통한 재빠른 의사결정, 결정된 정책의 실행으로, 과학기술과 인간사회와의 융합적인 연구개발과 그것을 위한 글로벌 차원에서의 체계적인 지원역량에 있다고 주장했다.

또 하나 작지만 중요한 움직임은 과학과 사회의 소통을 논의하기 위해 개최된 미니 심포지엄이다. 네덜란드의 로테르담에 모인 세계 각국의 전문가들은 2023년 세계과학커뮤니케이션회의

(Public Communication of Science & Technology Network) 준비 일환으로 코로나 팬데믹과 기후변화가 과학 커뮤니케이션에 가져온 근본적인 변화에 대해 논의했다. 아시아 지역을 대표하여 참가한 필자는 코로나 팬더믹이 우리에게 주는 교훈이라는 제목의 강연에서 특히 데이터 문해력의 중요성을 강조했다. 코로나 이후 과연 과학커뮤니케이션에서 중요하게 고려되어야 할 것이 무엇이며 우리는 어떤 공동의 관심 영역을 창출해야 할 것인지에 대한 심도깊은 논의가 이어졌다.

2박 3일의 모든 논의가 끝난 후에 종합토론자로 나섰던 캐나다 퀘벡대학교의 버나드 쉴르 교수는 "우리는 지금 매우 복잡한 사회에 살고 있다. 코로나-19는 새삼 우리가 다양한 이해당사자들, 인플루언서들, 메시지들, 메시지를 전달하는 메신저들 그리고 불확실성이 공존하는 복잡한 세상에 살고 있음을 깨닫게 해주었다"며 토론을 시작했다. 이어서 그는 분명 과학은 현대사회를 만들어온 중요한 중심 동인이었지만 코로나 팬데믹을 겪으면서 사람들은 과학이 인류의 최종 안착지가 아닐 수도 있다는 의구심을 갖게 되었다고 진단했다. 그는 코로나 팬데믹이 과학에 던져준 새로운 도전은 더욱 복잡하고 다양해지는 사회에서 과학이 어떻게 다양한 관점들, 서로 다른 목소리들, 그리고 수많은 어젠다들과 경쟁하면서 동시에 그것들과 협력하고 또 상호작용해나갈 것인지라고 주장했다.

그로부터 1년이 지나고 있다. 이제 세계는 자유롭게 오고 갈 수 있도록 다시 문을 열었으며, 공식적인 코로나 종식 선언이 눈앞에 있다. 미국에서는 코로나 바이러스가 맨 처음 중국에서 어떻게 발생했는지에 대한 조사도 진행 중이라고 한다. 이제는 지난 3년간의 코로나 팬데믹을 통해서 배운 것들을 토대로 과학, 특히 과학커뮤니케이션이 실천해야 할 시간이 다가온다. 팬더믹을 겪으면서 우리는 무엇을 깨닫게 된 것일까?

첫째, 우리는 과학기술과 관련된 지식과 정보가 교양을 위해 필요한 것이 아니라 생존을 위해 필요하다는 사실을 절실히 깨닫게 되었다. 대부분의 경우에 결국 백신을 맞을 것인가 아닌가라는 문제는 국가나 가족의 결정해주는 것이 아니라 바로 개개인의 결정이었다. 개인이 스스로의 건강 상태와 여건을 고려하여 선택해야 하는 문제였다. 백신에 대한 나의 선택이 최선의 선택이 되기 위해서는 백신과 관련된 지식과 정보를 충분히 아는 것이 무엇보다 중요하며, 가장 중요한 것은 정확한 지식과 가짜 정보를 구분하는 것이었다. 레거시 미디어는 물론이고 뉴미디어의 급성장으로 수없이 많은 정보가 제공됨에도 이것들은 때론 상이하거나 잘못된 것들도 많았다. 이 때문에 좋은 선택, 최선의 결정을 내리는 일이 무척 어렵고 또 위험스러웠던 것도 사실이다. 그런데 우리가 사실 잠시만 생각해보면 건강과 연관된 의약품, 식품과 연관된 안전성, 기후 환경과 에너지 문제 등 우리를 둘러싸고 있는 생활 속 대부분의 이슈들이 거의 모두 과학의 이슈다. 때문에 과학커뮤니케이션은 이것들과 관련된 일상적인 선택이나 결정을 내릴 때 우리에게 절

사진 1 과학커뮤니케이션 분야 최대학회인 PCST Network의 회장단들, 가운데 회장인 필자

대적으로 필요한 정확한 지식과 정보를 확보하는 방안을 고민해야 한다.

둘째, 국제기구나 각국 정부가 대중 커뮤니케이션의 중요하고도 공식적인 채널로 유투브, SNS 등의 소셜 미디어를 적극 활용하게 되었다는 것이다. 후쿠시마 원전 사고의 경우때만 해도 인터넷에서 돌아다니는 정보는 다분히 편향적이면서 잘못되었다는 의견이 우세했다. 하지만 코로나 팬데믹 위기 상황 속에서 유투브나 페

사진 2 2025 PCST 일본 심포지엄 참가자들

이스북 등의 소셜 미디어는 수많은 사람들에게 가장 빠르게 정보를 전달되고 확산하는 채널로 활용되었다. 물론 이러한 전환에 따른 부작용도 크게 부각되기 시작했다. 소셜 미디어가 생산하고 유통하는 콘텐츠의 품질을 아무도 보장할 수 없다는 것이다. 유투브와 같은 미디어가 상업적 이익과 연결되면서 정보의 왜곡과 과장은 물론, 그로 인한 온갖 사회적 피해가 속출하고 있다. 이것 중 심각한 것은 정확한 정보를 제공하려는 전문가들에게 가해지는 사이버 댓글 테러다. 때문에 소셜 미디어를 대중적 소통 채널로 적극 활용하면서도 동시에 소통되는 정보의 신뢰도를 높일 수 있는, 이른바 〈사이언스 스크리닝 서비스(Science Screening Service)〉 기능을 확보하는 방안을 찾아야할 것이다.

셋째, 대중과의 효과적인 과학 커뮤니케이션을 위해서는 과학적 지식과 정보를 생산하고 또 소유하는 과학자 및 의료인이 〈제공〉에서 〈공감〉으로 태도 전환을 해야 한다는 것이다. 백신을 거부하던 사람들을 대상으로 수행한 사례연구들에 따르면, 백신에 대해 충분히 설득될 수 있는 기회와 시간을 갖지 못한 사람들의 경우가 훨씬 더 백신을 거부하는 것으로 나타났다. 이는 대중이 행동하지 않는 것은 무지하기 때문이고, 관련 지식을 알려주면 다르게 행동할 것이라고 보는 이른바 〈결핍모형〉의 한계를 다시금 분명히 보여주고 있다. 사실 엄밀하게 따져보면 코로나 팬데믹 기간에 수 많은 사람들이 열심히 마스크를 쓰고 사회적 거리두기를 하면서 생활 속 과학 실천을 행했던 것이나 수 차례의 백신을 줄 서서 접종받았던 것은 단순히 일방적으로 전달받은 정보와 지식 때문만은 아니었다. 그것은 대중들이 여러 형태의 과학 커뮤니케이션 채널들을 통해 코로나 바이러스의 특성을 이해하게 되었고 또 백신접종의 필요성에 대해 공감하게 되었기 때문이었다. 과학자 커뮤니티가 대중과 더욱 〈공감〉하고, 정확한 정보와 지식을 이해하게 된 대중이 생활 속 〈행동〉을 실천하는 세상, 그것이 유발 하라리가 말했던 달라진 세상, 우리가 살게 될 달라진 세상이어야 한다.

2

'애정남'과 에너지 리터러시

'애매한 것들을 정해주는 남자'라는 콘셉으로 한동안 인기를 끌던 개그 코너가 있었다. 특히 청춘 남녀가 데이트를 할 때 상대방의 의중을 잘 몰라서 야기되는 오해를 소재로 삼거나 일상생활에서 직면하는 그야말로 애매한 상황에서 적절하게 대처하는 방법을 아주 위트있게 소개해주는 이 코너 덕분에 한동안 주말이 기다려지던 때가 있었다. 실제로 '애정남'이 제시해준 방법을 사용함으로써 도움을 받은 적도 몇 번 있다. 지금도 기억나는 한 가지 에피소드는 결혼식에 축의금을 얼마나 내야하는 가라는 문제와 관련된 것이었다. 특히 젊은 세대들에게는 친구의 결혼식에 얼마의 축의금을 내야 하는 지가 상당히 애매하면서 곤란한 문제인 경우가 많다. 이 문제에 대해 애정남은 역시나 아주 명쾌한 답을 제시해준다. 결혼식장에 갔을 때 친구의 부모님이 자신의 이름을 알고 있으면 10만원을 내야하고 그렇지 않은 경우에는 무조건 5만원을 내야 한단다. 하지만 결혼식이 많은 4월, 10월 등 성수기 때에는 5만원이 아니라 3만원을 내면 된단다. 개그를 보는 내내 한참을 소리 내어 웃었다. 이 얼마나 재치 있고 현실적 상황을 잘 반영한 답변인가?

코로나-19 팬데믹을 겪으면서 우리 사회는 엄청나게 많이 변화했다. 온라인 디지털 세상이 도래할 것이라는 예측은 많았지만, 그 세상이 언제쯤 올 것인가에 대해 모두들 반신반의했을 것이다. 그러나 숨죽이며 3년의 기간을 거치는 동안 우리 사회의 많은 부분이 급격하게 온라인 디지털 세상으로 변모되었다. 특히, 얼굴을 직접 보면서 오프라인으로 교실에서 이루어져야 한다고 생각했던 학교 교육이 급격하게 온라인 교육으로 전환되었다. SNS, 유투브 등 디지털미디어가 급증했고, 이것들을 통한 정보교환이 순식간에 그리고 공간과 시간의 제약없이 언제든지 가능해지면서 지식과 정보가 넘쳐나게 되었다. 문제는 그 많은 정보 속에서 사실과 가짜뉴스를 구별하는 것이 매우 어려워졌다는 것이며, 가짜뉴스에 현혹되지 않으면서 필요하고 정확한 정보를 찾아내는 일이 시급해졌다는 것이다.

이처럼 복잡해진 세상에서 누군가가 '애정남(녀)'가 되어 일상생활에 관련한 명확한 준거를 제시해주면 얼마나 좋을까? 애매한 상황을 두고 혼자 맘속으로 갈등하지 않아도 되고, 상식에서도 어긋나지 않으니 타인에게 불편함을 주지도 않으면서 보다 편안한 삶을 보장해줄 수 있도록 누군가가 기준을 정해준다면 얼마나 좋겠는가? 기술의 진보와 함께 더욱 복잡해지는 21세기를 살아가는 우리가 개인적인 차원에서뿐만 아니라 국가적 차원에서 직면하는 문제 중 에너지 문제가 있다. 에너지는 현대인의 삶을 지탱하는 가장 기본적이며 중요한 문제지만 사실 많은 대중적 관심의 대상은 아니다. 하지만 조금만 생각해보면 우리 삶이 얼마나 에너지와 밀접한 연관을 맺고 있는지를 금방 알 수 있다.

사실 우리의 일상은 아침에 눈을 뜨면서부터 저녁에 잠이 드는 순간까지 에너지를 소비하는 과정이라고 해도 과언이 아니다. 아침에 스윗치를 켜는 순간, 온수를 틀어 샤워하는 순간, 드라이어기로 머리를 말리는 순간, 냉동식품을 전자렌지에 데워 아침을 먹는 순간, 충전된 스마트폰을 집어들고 집을 나서는 순간, 이 모든 순간들이 다 에너지와 연관된다. 집을 나서면서 걸어서 출근할 것인지 택시를 탈 것인지, 운전을 할 것인지 아니면 대중교통을 이용할 것인지도 에너지와 연관된 문제이고, 퇴근 길에 마트에 들러 수입된 캔푸드를 살 것인지 아니면 로컬 푸드를 구매할 것인지, 나아가 자동차를 구입할 때 연비를 고려하는 것도 모두 에너지와 연관된 문제다. 에너지 문제는 또한 이산화탄소 배출과 직접적으로 연관된 지구온난화의 문제이기도 하고, 각구이 처한 자연환경과 연관된 로컬의 문제이기도 하지만 전 세계가 연관된 글로벌한 문제이기도 하다. 그렇다면 에너지와 연관된 애매한 문제들에 통쾌한 답을 제시해주는 '애정남' 같은 존재는 없는가?

얼마 전 이집트에서 열린 제27차 당사국총회(COP27)에서는 산업화를 먼저 이룬 부유한 국가들이 배출해 온 온실가스가 야기하는 기후변화의 부정적 영향을 논의하는 '손실과 피해(loss and damage)' 문제가 처음으로 정식 의제로 채택되었다. 그동안 개발도상국들이 입은 경제적 혹은 비경제적 손실을 보상하기 위해서는 엄청난 규모의 재원이 마련되어야 한다고 한다. 그러면 온실가스를 가장 많이 배출하는 상위 20개 국가 중에서 16위에 해당하는 대한민국은 어떤 입장을 취해야할까? 또 그러한 입장을 지켜내기 위해서는 어떤 에너지를 선택해야 하는가?

이와 같은 에너지와 관련한 국가 차원의 선택과 정책적 결정은 당연히 관련 전문 기관과 전문가 커뮤니티가 주로 담당할 것이다. 우리나라 상황에서 가장 적절한 에너지 소스의 비율은 어떻게 하는 것이 좋은지, 해외로부터는 얼마만큼의 에너지를 수입할 것이며 또 어떤 에너지를 수출할 수 있는지, 나아가 에너지와 관련된 새로운 산업은 무엇이고, 이러한 산업을 활성화시키기 위해서는 어떻게 관련 인력을 키우고, 어떤 제도를 만들며, 또 어떤 견제 정책을 마련해야 하는지 등은 국가가 중심이 되어 전체 사회가 지혜를 모아야 할 일이다. 이 때문에 인류의 절반이 기후 위기 위험 지역에 있다면서 안토니우 구테흐스 UN 사무총장은 "집단 대응을 할지 아니면 집단 자살을 할지는 우리 손에 달렸다"며 국가별 강력한 대응을 강력하게 촉구하고 나섰다.

하지만 개인적 차원에서는 그 역할을 누가 해줄 것인가? 개개인의 판단에 맡길 것인가? 그러기에는 관련된 정보도 너무 부족하고 또 어떤 정보가 정확한 지에 대한 판단도 잘 서지 않는 것이 현실이다. 도시의 안전을 위해 또 거리의 아름다움을 위해 밤새 켜두는 조명은 에너지 절약을 위해 소등시켜야 할까? 아니면 도시의 안전도 보장하고 외관의 아름다움도 유지하면서 에너지도 절약할 수 있는 방법은 없을까? 에너지와 관련된 애매한 문제들을 해결해주는 '애정남'의 역할을 할 수 있는 것이 바로 에너지 리터러시(Energy Literacy)다.

에너지 리터러시는 우리가 반드시 알아야 할 에너지의 과학적 특성과 지식도 포함하면서 에너지가 우리 사회 및 일상생활에서 행하는 역할과 기능에 대한 이해를 포함한다. 나아가 개개인이 합리적이고 주체적인 에너지 소비자가 되기 위해서는 무엇을 어떻게 해야 할 지에 대한 안내도 해 준다. 미국 에너지부(Department of Energy)에 따르면 에너지문해력(An energy-literate person)을 갖춘 사람은 다음과 같은 5가지를 갖춘 사람이다. 첫째, 에너지 흐름을 추적하고 에너지 시스템 측면에서 생각할 수 있다. 둘째, 자신이 얼마나 많은 에너지를 사용하는지, 어떤 목적으로, 그리고 그 에너지가 어디에서 오는지 알고 있다. 셋째, 에너지에 대한 정보의 신뢰성을 평가할 수 있다. 넷째, 에너지와 에너지 사용에 대해 의미 있는 방식으로 소통할 수 있다. 다섯째, 에너지 사용의 영향과 결과에 대한 이해를 바탕으로 에너지 사용에 대한 결정을 내릴 수 있다.

하지만 아직 우리나라에서는 에너지 이해력에 대한 기초적인 연구도 아직 진행된 적이 없고 나아가 국제적인 협력도 없다.

2,000년부터 과학기술정보통신부는 매 2년마다 '과학기술국민이해도조사'를 실시해오고 있다. 전 국민들을 대상으로 실시되는 이 조사는 과학기술에 관한 정보를 얻는 소스가 무엇인지, 과학자에 대한 신뢰도는 얼마인지, 과학기술이 국가발전에 기여하는 지 등등을 질문하고, 이를 국제적으로 비교하면서 국내 과학기술 정책 개발에 활용하고 있다. 대부분의 질문은 미국의 존 밀러가 개발한 문항을 사용하고 있으며, 이 문항들은 시대적 변화를 충분히 반영하지 못하고 있다. 특히 요즘 가장 중요한 에너지 이슈는 전혀 다루어지지 못하고 있다. 이 때문에 국제적으로 〈국민이해도조사〉의 설문 내용을 전체적으로 바꾸어야 한다는 목소리가 높다. 문항이 만들어지던 1990년대 상황과 2025년 현재의 상황은 기술의 발전으로 인해 너무나도 달라졌기 때문이다.

다행히 필자를 중심으로 국내에서 작은 모임이 시작되었다. 에너지 정책, 에너지 교육, 에너지 시민단체, 에너지 산업계 분야에서 잉ㄹ하는 몇 몇 전문가들이 모여 〈에너지와 대중은 어떻게 만나는가〉라는 주제를 두고 3번의 세미나를 개최했다. 정부 정책에서 바라보는 에너지와 대중의 관계, 시민사회가 바라보는 에너지와 대중의 관계, 학교 교육 커리큘럼에서 다뤄지는 에너지와 대중의 모습, 소비자의 입장에서 바라보는 에너지 등을 심도있게 논의한 이 시리즈 세미나의 목표는 〈국민에너지이해도조사(Public Attitude to Energy)〉 문항의 개발이다. 이 문항을 개발하기 위해서는 많은 전문가들의 공동연구가 필요하고, 특히 국제적인 전문가

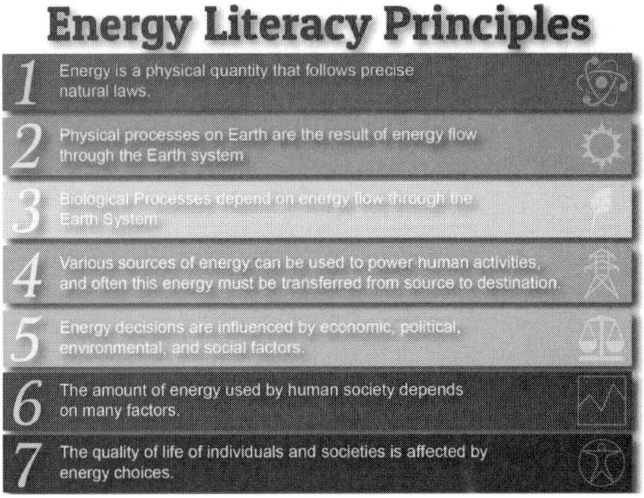

사진 3 미국 에너지부의 〈에너지 리터러시 원리들〉

들과의 협업이 무엇보다 필요하다. 존 밀러가 국제적으로 통용되는 〈국민이해도조사〉 문항을 개발했듯이 한국에서 국제적으로 통용되는 〈국민에너지이해도조사〉 문항을 개발할 수 있기를 기대한다. 에너지에 관해 애매한 이슈들을 명쾌하게 결정해주는 '애정남'인 〈국민에너지이해도조사〉 개발을 위한 지원을 아끼기에는 시간이 너무 없다.

3

코번트리의 추억: 자전거, 고디바, 과학커뮤니케이션

얼마 전 영국 중남부에 위치한 도시 코번트리를 처음으로 방문했다. 영궁에서 두 차례나 유학생활을 했지만 이름도 잘 들어보지 못한 도시였다. 이곳에서는 제16차 한국유럽과학기술인대회(EKC Europe-Korea Conference on Science and Technology)가 개최되었다. EKC는 영국, 프랑스, 독일을 비롯하여 유럽에서 유학 중이거나 연구 관련 기관에 근무하거나 한국기업에 근무하는 한국인 및 외국인들을 중심으로 2008년 독일 하이델베르크에서 처음 시작되었다. 이후 영국, 프랑스, 독일, 오스트리아 등 매년 국가를 달리하면서 대회를 개최해오고 있는데, 올해는 재영한인과학기술자협회(KSEAUK, 이하 재영과협)가 중심이 되어 본 회의를 준비하게 되었다. 내년에는 유럽의 보석인 비엔나에서 개최될 예정이라며 재오스트리아한인과학기술자협회의 홍보 열기가 뜨거웠다.

모든 것이 열악할 뿐만 아니라 과학기술 분야의 영국 유학생들이 아주 드물던 1980년대에는 추석과 설날이면 몇몇의 유학생들이 함께 모여 떡국을 나누어 먹곤 했다. 서로 다른 고향 지역의 풍습을 이야기하면서 외로움을 달래던 그 시절 항상 논의되던 주제가 있었다. 그것은 과학기술 분야 연구자들이 함께 모여 하나의 모임 혹은 협회를 만들자는 것이었다. 하지만 공부에 바빠서 그 일에 관여하지는 못했고 귀국한 이후에는 거의 관심을 갖지 못했다. 그런데 그 이후 후배들이 모임을 적극적으로 추진하였고 실제로 재영과협과 또 EKC를 발족시켰으며, 벌써 16번째 대회를 추진해오고 있다고 하니 여간 반가운 맘이 아닐 수 없었다. 게다가 이번 대회에서는 처음으로 〈과학커뮤니케이션〉 분과가 마련되었고, 필자가 〈세계과학커뮤니케이션학회〉 회장으로 초청강연자가 되어 참석하게 되니 감개가 무량할 뿐이었다.

코번트리는 런던 맨체스터와 함께 영국 3대 도시로 불린다. 버밍햄에서 자동차로 15분 정도 거리에 위치해 있는 이 도시는 영국 엘리자베스 1세 여왕이 인도 전체와도 바꾸지 않겠다던 세기의 극작가, 셰익스피어의 고향과도 아주 근접해 있다. 근처에 경영학, 수학/통계학 분야로 이름을 떨치는 워릭대학교가 있다는 사실 말고는 딱히 이 도시에 대한 정보가 없던 필자는 도시에 대한 기대를 전혀 하지 않았다. 그런데 거리로 나서니 완전 반전이 일어났다. 길가에 서 있는 동상들, 카페마다 걸려있는 커다란 자동차 바퀴 장식들은 이 도시가 간직해온 다양한 스토리를 품고 있었다. 영국은 물론 세계의 기술과 산업의 역사에서 이 도시가 차지한 역할을 알게 되었고, 스스로 도시의 매력에 빠져들게 되었다. 이 도시는 바로 세계 자전거 산업의 메카였고, 기계생산공장들이 많이 배치되어있어서 제2차 대전 동안 독일군의 주된 공격 타깃이 되어 엄청난 피해를 입었다. 하지만 그럼에도 불구하고 이 도시는 전후 재건에 성공함으로써 한동안 세계적인 자동차 산업의 메카로 부상했다.

도보로 20분이면 도시를 구경하기에 충분한 규모의 코번트리 시내에는 3개의 특별한 동상이 있다. 그중 하나는 1885년에 크고 높은 바퀴 디자인을 과감하게 탈피하고, 안전 자전거를 발명한 존 켐프 스탈리(John Kemp Starley)의 동상이다. 그는 '로버세이프티 자전거'를 출시함으로써 자전거를 보다 안전하고 접근 가능한 개인 모빌리티로 정착시킨 인물이다. 그가 발명한 세이프티 자전거는 오늘날 우리가 알고 있는 표 준화된 구조를 갖춘것으로 동일한 두 개의 26인치 휠 다이아몬드 자전거 프레임, 그리고 페 달 크랭크에서 뒷바퀴로 동력을 전달하는 체인 시스템을 갖춘 것이었다.

세이프티 자전거는 출시되자마자 전 세계적으로 센세이션을 일으키며 유럽과 아메리카로 수출되었다. 라이클리(Raleigh), 험버(Humber), 암스트롱(Armstrong)과 같은 유명 자전거 제조업체들이 들어서며 이 도시에는 돈이 몰리고 일자리가 창출되어 사람들이 몰려들었다. 동시에 안전해진 자전거는 새로운 여가 문화를 창출했다. 스커트에서 과감하게 바지로 패션을 바꾼 여성들은 자전거를 타기 시작했고, 전국의 주요 도시에는 사이클링 클럽이 생겨났으며, 싸이클러들을 위해 커피와 케이크를 제공하는 카페가 속속

사진 4 존 켐프 스탈리(John Kemp Starley)의 동상

등장했다. 여가 문화의 새로운 장이 열린 것이다. 이제 자전거는 대중적 여가 문화를 위한 필수품으로 자리잡게 되었으며, 오늘날과 같은 상황으로 이어지게 되었다.

자전거 제조에 필요한 정밀 공학 기술은 후속 기술 발전의 기초가 되었다. 이후 코번트리는 자동차 및 항공 산업의 메카로 발전하게 되는데, 영국의 대표적인 자동차 브랜드인 재규어 Jaguar)를 비롯해 자전거 회사에서 출발한 트라이엄프(Triumph)와 로버(Rover), 스탠다드 모터 컴퍼니(Standard Motor Company), 나중에 크라이슬러(Chrysler)에 인수되는 힐맨 (Hillman) 등이 코번트리에 위치했던 대표적인 자동차 생산업체들이었다. 오늘날에는 이들 전통적인 자동차 제조업이 많이 감소했지만, 자동차 디자인 개발 및 기술적 연구를 위한 대학 과 연구소는 여전히 활발히 움직이고 있다. 특히 도심 가운데에 위치한 코번트리 교통박물관(Coventry Transport Museum)에 가면 자전거 및 자동차에 관한 모든 역사는 물론이고 영국에서 생산된 자전거부터 아름다운 디자인의 자동차들, 그리고 항공 엔진까지 한눈에 볼 수 있다. 어린이들을 위한 체험 프로그램도 다양하여 가족과 함께 산업과 기술이 바꾼 역사 속으로 여행을 떠나기에 안성마춤이다.

두 번째 동상은 교통박물관 앞 광장에 서 있는 터보 엔진의 발명가 프랭크 휘경(Sir Frank Whittle)의 동상이다. 휘틀은 코번트리에서 자동자정비공의 아들로 태어났으며, 어렸을 때부터 항공 분야에 많은 관심을 보였다. 그는 1920년대에 영국왕립공군사관학

사진 5 코번트리 교통박물관

교에 입대해 조종사 훈련을 받았다. 이후 1930년대 초에 그는 기존의 피스톤 엔진보다 더 강력하고 효율적인 새로운 유형의 엔진을 연구하게 되었는데, 그는 이를 '터보제트 엔진'이라고 불렀다. '터보'라는 말은 그에게서 유래한 것이다. 휘틀의 터보 엔진은 일련의 작은 폭발에 의존해 크랭크축을 구동하는 피스톤 엔진과 달리 지속적인 공기 흐름을 사용해 추력을 발생시키는 것으로 항공 산업에 대대적인 혁명을 불러일으켰다. 그의 발명 덕분에 항공 여행은 더빠르고 더 안전하며, 더 효율적인 것으로 변모하게 된 것이다.

세 번째 동상은 많은 사람들에게 달콤하기로 유명한 초콜릿 상표, 고디바(GODIVA)와 연관된 것이다. 즉, 레이디 고디바의 동상이다. 고디바는 11세기에 코번트리의 영주였던 레오프릭 3세의 부인의 이름으로 악독한 탐관오리로 유명세를 떨치던 남편과 달리 인품이 매우 좋았고 사람들로부터 많은 사랑을 받았다고 한다. 레오프릭 3세의 과도한 세금 징수와 폭정에 시달리던 대중들은 참다못해 빈자들을 잘 살펴주던 고디바 부인을 찾아가 남편을 말려달라고 도움을 요청했다. 그러자 그녀는 대범한 제안을 하게 되었는데, 그것은 남편이 대중들의 세금을 낮추어 주지 않으면 자신이 옷을 하나도 입지 않은 채 말을 타고 시내를 돌아다니겠다며 남편을 협박하는 것이었다. 그런 협박에도 남편이 세금 문제를 해결할 기미를 보이지 않자, 그녀는 자신의 긴 머리카락으로 몸을 일부 감싼 뒤 말을 타고 도시를 실제로 돌아다녔다고 한다. 그러자 그녀의 용기 있는 행동에 놀라고 충격을 받은 남편이 세금 징수를 완화했다고 한다.

자전거와 자동차에서의 눈부신 기술혁신과 인류의 삶을 바꾼 스토리, 대중에게 따뜻한 세금정책을 펼쳐 대중의 사랑을 받게 된 스토리, 또 전쟁으로 폐허가 된 대성당을 그대로 보존하면서도 그 옆에 새로운 성당을 신축해 옛것과 새것과의 공존의 스토리를 품고 있는 도시 코번트리가 특별한 이유는 바로 이곳에서 유럽 9개 국가에서 공부하거나 연구하거나 관련 분야에서 일하고 있는 한국과 유럽의 과학기술인 들 800여 명이 모여 내일을 함께 변화시키기 위한 '영향력, 혁신, 그리고 연결(Impact, Innovation, and Connectivity for Transforming Tomorrow Together)'이라는 주제로 '제16차 한국유럽과학기술인대회(EKC Europe-Korea Conference on Science and Technology)'를 개최하고, 처음으로 '과학커뮤니케이션'을 주제로 한 세션이 열렸기 때문이다. 기후변화, 에너지 위기, 물부족, 팬데믹 등 글로벌 이슈들을 해결하기 위해서는 국경을 초월한 과학기술 연구와 협력도 중요하지만, 사회와의 소통, 대중과의 커뮤니케이션이 정말로 중요하기 때문이다.

자전거와 자동차, 그리고 비행기와 같은 최첨단 기술과 제품이 우리 사회에 도입될 때 우리 삶과 문화는 얼마나 많이 변모되었는가! 이제 인공지능(AI)를 포함한 최첨단 기술이 우리 사회에 급격하게 도입되고 있다. 인공지능 기술은 인간과 같이 사고하고, 또 인간과 같이 행동하면서 새로운 콘텐츠까지 생산해내면서 인간과 닮아가기 위해 계속 업그레이드하고 있다. 지속가능한 지구 발전을 꾀하면서 최첨단 기술과 인간이 어떻게 공진화할 것인가는 사실 인류에게 직면한 가장 큰 과제 중 하나다. 과학커뮤니케이션 분야는 과학자 커뮤니티와 대중을 연결함으로써 시민들이 정확한 정보에 기반한 의사결정을 도와주고, 가짜뉴스에 현혹되어 파괴적인 소비를 하지 않도록 안내해주며, 복잡하고 불확실한 현실을 더 잘 이해하고 대처할 수 있게 도와준다. 오늘날 모든 사람이 생산자는 아니지만 모든 사람은 소비자다. 하루가 다르게 쏟아져나오는 다양한 분야의 지식과 각종 상품의 소비자이면서 크고 작은 정부 정책의 소비자들이다. 소비자가 현명해질 때 질 좋은 상품이 유통되고, 미래 가치를 담은 정책이 생산될 수 있다. 현명한 기술 소비자를 위해 과학 커뮤니케이션은 시급히 필요하다.

4

영화 《퍼펙트데이즈》가 말하는 디지털 디톡스

시간이나 정보가 충분치 않아 합리적인 판단을 하기 어려울 때 사람들은 자신만이 갖게 된 경험 혹은 통찰을 활용하여 상품을 선택하거나 의사결정을 내린다. 심리학에서는 신속하게 사용하는 어림짐작의 기술을 휴리스틱이라고 말하는데, 휴리스틱의 종류는 아마도 지구상의 인구수만큼이나 다양할 것이다. 그것들 중 대표적인 것으로는 언젠가 이름을 들어본 적이 있는 것을 선택하는 대표성(Reognicion) 휴리스틱이 있고, 나에게 가장 큰 만족을 주는 요소만을 따져보는 만족(Satisfying) 휴리스틱이 있다. 또 여러 조건들을 나열하고, 그 중 가장 많은 조건에 부합하는 것을 고르는 텔링(Tallying) 휴리스틱이 있다. 이번 추석 연휴에 갑자기 선택한 영화 《퍼펙트데이즈》는 이 세 가지 휴리스틱 그 어느 것을 사용한다고 해도 선택되었을 영화다.

도쿄 시부야의 공중 화장실 청소부인 '히라야마'는 매일 반복되는 일상을 보낸다. 이른 아침 대나무 빗자루 소리에 잠을 깨는 그는 일어나자마자 이불을 개고, 수염을 깎으며 양치질을 한 다음 작은 화분에 정성스레 물을 준다. 화분의 식물들은 그가 직접 공원 등에서 가져온 것이다. 마치 종교인들이 성스러운 의식을 치르기 위해 제복을 입듯이 그는 매일 아침 정성스레 청소복으로 갈아입고 집을 나선다. 밖으로 나선 그가 제일 먼저 하는 일은 하늘을 올려다보며 약간의 미소를 짓는 일이다. 그러고는 공동주택 앞에 설치된 벤딩머신에 동전을 넣고 캔 커피를 하나 꺼내 든다. 작은 청소 트럭에 올라탄 그는 시동을 걸기 전 여러 개의 카세트 테이프에서 가장 맘에 드는 하나를 골라 음악을 틀고 목적지인 공중 화장실을 향해 떠난다. 그와 같이 일하는 청년 동료는 그가 지나칠 정도로 열심히 그리고 깨끗하게 청소하는 것을 비아냥거리지만 그는 아랑곳하지 않는다. 점심때가 되면 그는 가까운 공원으로 가서 샌드위치와 우유를 먹으며 주변의 나무를 올려다본다. 그런 다음 주머니에서 작은 필름 카메라를 꺼내 사진을 찍는다. 그에게 어떤 말 못 할 사연이 있는지 영화는 알려주지 않지만, 그는 꽤 오랫동안 그렇게 혼자서 살고 혼자서 밥 먹으며, 혼자서 노동하며 살아오고 있다.

주말이 되면 그는 청소복이 아닌 일상복을 입고 자전거를 타고 강을 건너간다. 강 건너에는 밀린 빨래를 세탁하기 위한 자동 빨래방도 있고, 1주일 동안 찍었던 필름을 현상하는 카메라 가게도 있으며, 사람들과 대화를 주고받으며 맛있게 저녁 식사를 하는 단골 식당도 있다. 주중과 주말 삶의 패턴이 확연히 구별되는 그에게도 구별하지 않고 매일 반복하는 일상이 있다. 그것은 잠자기 전에 돋보기 안경을 끼고 중고책 가게에서 구입한 문고판 책을 읽는다는 것이다. 책을 읽다가 가끔 졸기도 하는 그의 모습은 아주 인간적이다. 영화에는 이 장면이 몇 차례 반복되어 나타난다.

이 전혀 특별할 것이 하나도 없고 조용하다 못해 지루하게 반복되는 규칙적인 일상. 이것이 히라야마가 살아가는 모습이고 날들이다. 그런데 영화는 이러한 일상을 반복적으로 보여주면서도 《퍼펙트 데이즈(Prefect Days)》라는 제목을 달고 있다. 만약 중간중간에 어릴 적 즐겨듣던 〈해뜨는 집(Housing of Rising Sun)〉나 〈부두에 앉아(Sittin' On) The Dock of the Bay)〉와 같은 70년대의 팝송이 배경음악으로 나오지 않았다면 아마 졸음을 면하기 어려웠을 영화다. 그렇다면 왜 빔 밴더스 감독은 이 영화의 제목을 《퍼펙트 데이즈》, 완벽한 날들이라고 정했을까? 혹시 완벽한 날들을 꿈꾸지만 한번도 그런 날을 경험하지 못하고 살아가는 우리의 삶을 반어적으로 표현한 것일까? 아니면 주인공 히라야마가 정말로 완벽한 날들을 살아가고 있다고 말하고 싶은 것인가?

영화 속에 자주 등장하는 장면 중 하나는 도쿄 타워다. 그가 음악을 들으며 운전하는 아침 출근길에도 타워는 나타나고, 저녁 무렵 어두운 퇴근하는 길에도 타워는 화려한 조명을 내보인다. 심지어 히라야마가 주말에 자전거를 타고 강을 건널 때에도 도쿄 타워는 어김없이 등장한다. 타워는 도시에서 살아가는 인간들의 욕망을 상징하는 듯하다. 하지만 히라야마는 타워와는 정반대의 삶을 살아가고 있다. 그는 사회적 상승이나 경제적 부를 획득하기 위해 고군분투하지 않으며 사다리 세상이 아닌 평면의 세상을 살아간다. 자전거를 타고, 카세트테이프 음악을 들으며, 이동하는 순간 순간 짬을 내어 하늘을 쳐다보면서 미소 짓고, 울창한 나뭇잎을 자랑하는 나무 사진을 찍는다.

영화를 보는 내내 부러웠던 것은 그가 디지털로 가속화된 세상에 살고 있지만, 디지털 기술과 거의 연결되지 않은 삶을 살 수 있고 또 살아가고 있다는 것이다. 그는 스마트폰과 컴퓨터의 스크린에서 많은 시간을 보내거나 유튜브와 소셜 미디어를 통해 지나치게 다양하고 많은 정보, 편향되고 잘못된 정보와 지식을 접하면서 낭패를 보는 일이 없다. 또 그는 인터넷 세계에서 새로운 사람을 만나고 오프라인에서 친구를 만드는 보통의 사람들과는 아주 다른 방식으로 삶을 살아가고 있다. 그는 스마트폰의 배터리가 방전된다고 걱정할 필요도 없고, 카톡을 보내지 않는 친구를 원망하지 않아도 된다. 혼자이기 때문에 고독하고 외로울 수 있는 삶의 대부분을 그는 육체노동으로 채우고, 햇빛 좋은 날에는 방에 누워 책을 읽으며, 좋아하는 음악을 들으며 생각에 잠긴다. 도시의 우뚝 솟은 건물들이 아니라 풀과 나무와 바람을 만나고 즐기는 그는 인간의 감각이 작동하고, 감정이 교류하는 물리적인 세상을 살고 있는 것이다.

자연주의, 아날로그, 미니멀리즘의 가치를 추구해가는 히라야마는 디지털 기술과 인간의 욕망이 융합되어 만들어진 세상의 대

척점에 서 있다. 빈 밴더스 감독은 아마도 디지털 기술로 가속화되는 세상에서 인간이 느끼는 소외감과 생존법을 이야기하고 싶지 않았을까? 나아가 첨단 기술이 우리 사회에 재빠르게 도입되면서 우리가 잃어가는 것들을 함께 생각해 보자는 멋진 제안을 하고있는 것이 아닐까? 우리도 모르게 중독되어가는 디지털 세계로부터 잠시 빠져나오자는 디지털 디톡스를 주장하고 있는 것은 아닐까?

나노기술, 양자기술, 인공지능기술 등 첨단 기술의 특징은 현재도 계속 연구가 진행 중이라는 것이며, 그 성과들이 제품이 되어 우리 사회에 도입될 때 그것이 어떠한 사회문화적, 경제적, 인간적 영향을 가져올 지를 그 누구도 예측하기가 어렵다는 것이다. 때문에 유럽연합이나 북미대륙 그리고 일본 등에서는 첨단기술의 윤리적, 법적, 사회문화적 시사점 연구, 즉 ELSI(Ethical, Legal and Social Implication) 연구를 활발히 진행하고 있다. 우리나라에서도 한 20여년 전에 키스텝(KISTEP)과 카이스트(KAIST)를 중심으로 이 분야의 연구가 진행되었었지만, 지금은 어느 곳에서도 이 분야의 연구가 이루어지지 않고 있다. 그때와 비교할 때 첨단기술의 사회적 영향력은 훨씬 더 커지고 심오해졌는데도 불구하고 이 분야의 연구가 이루어지지 않고 있다는 것은 아이러니가 아닐 수 없다. 작년에 방문했던 일본 오사카대학교의 ELSI 센터에는 박사급 연구원이 20명이나 일하고 있다. 센터는 기업과 공공기관이 의뢰하는 ELSI 연구를 수행하는데, 예를 들면 NHK 방송국에서 뉴스 도중 수화를 하는 사람을 인공지능 로봇으로 대체했을 때 어떤 사회문

사진 6 영화《퍼펙트데이즈》의 포스터

화적 혹은 윤리적 영향이 야기되는지를 연구한다고 했다.

빔 벤더스 감독이 영화의 제목을 완벽한 날들이라고 한 이유는 히라야마를 포함하여 그 누구의 삶도 완벽하지 않기 때문이다. 그를 포함하여 대부분의 사람들의 일상은 벨벳 언더그라운드의 노래 〈창백한 파란 눈(Pale Blue Eyes)〉의 가사처럼 때때로는 기쁘고(Sometimes I feel so happy), 때로는 슬프지만(Sometimes I feel so sad), 대부분은 짜증나는 일들로 그득하다. 이처럼 대부분의 일상이 힘들지만 그럼에도 불구하고 우리의 삶이 완벽할 수 있는 것은 때때로 하늘을 올려다보거나 햇빛을 느껴보거나, 책을 읽고 음악을 들으면서 릴렉스를 위한 시간과 여유를 갖을 수 있기 때문이다. 니나 시몬은 노래한다. "새가 높이 날고 하늘에 태양이 있으며 잔잔한 바람이 불면 내 기분이 어떤지 알아? 아주 기분이 좋아. 새로운 새벽이 열리고, 새로운 날이 열리면서 새로운 인생이 시작되는 거야"라고. 그녀의 〈필링 굿〉이라는 음악이 흘러나오면서 히라야마의 얼굴에는 기쁨과 슬픔, 고통과 미소가 차례대로 나타났다가 사라진다.

5

노벨문학상 수상자가 첨단기술 시대를 읽는 법

"어느 날 과학자들의 모임에 가게 되었습니다. 거기에서 복제인간에 관한 이야기 그리고 인공지능에 관한 이야기를 듣게 되었습니다. 그들의 이야기를 들으면서 생각하게 되었습니다. 과연 과학기술이 발전하면 우리 인간들의 관계, 특히 사랑과 우정은 어떻게 변화하게 될 것인가를 말입니다. 제 소설은 우리 시대 사랑과 우정에 관한 이야기입니다." 2017년 노벨문학상을 수상한 일본계 영국인 작가 가즈오 이시구로는 한 언론과의 인터뷰에서 이렇게 이야기를 시작했다. 이미 안소니 홉킨스와 엠마 톰슨 주역의 영화 《남아있는 나날들》의 원작자로 잘 알려져 있던 그는 우리 시대, 특히 과학기술의 시대에 과연 우리 인간들의 삶이 어떻게 변모될 것인지를 인간의 본질, 인간의 관계에 주목하며 두 권의 소설을 출간했다. 하나는 2005년에 집필한 〈네버 렛미고〉이고, 다른 하나는 코로나 팬더믹으로 세상이 온통 마비 상태를 경험하던 2021년 출간된 〈클라라와 태양〉이다. 기존의 SF 소설이 과학적이면서 기술적인 내용을 많이 다룬 미래적이며 사이버적 성격이라면, 이 두 소설은 인간의 감정과 인간적인 면모에 집중하며 현재와 연관짓기를 안내한다는 점에서 새로운 개념의 SF 영화로 평가받고 있다.

《네버 렛미고》는 생명공학과 의학의 획기적인 발전으로 인간의 수명이 100살이 된 시대를 다루고 있다. 보다 건강하게 보다 오래 살고 싶어 하는 인간의 욕망을 충족시키기 위해 복제 인간(클론)의 장기이식 프로젝트가 기획되었다. 소설에 등장하는 인물들은 모두 실험실에서 만들어진 복제 인간들이다. 이들은 '헤일셤'이라는, 겉으로 보기에는 여느 영국의 사립 기숙학교와 다르지 않은 조용한 공간에서 공동생활을 하면서 은밀하게 사육된다. 이들은 보통의 아이들처럼 장난감을 가지고 놀며 행복해하기도 하고, 서로를 좋아하거나 또 질투심도 느낀다. 다만 한가지 차이는 이들이 정기적인 건강검진을 받는다는 것이다. 하지만 이들에게는 숨겨진 비밀이 있다. 바로 이들이 인간의 장기이식을 위해 복제된 인간이라는 것이다. 때문에 학교에서는 학생들에게 '꿈'을 가르치지 않으며, 그림을 그리는 것으로 경쟁심을 잠재우고, 장기이식 계획에 차질이 생기지 않도록 관리할 뿐이다. 결국 성장하면서 이들은 자신들이 오리지날 인간을 위해 희생하는 존재로 태어났음을 알게 된다. 하지만 이들은 반항하지 않는다. 자신들이 처한 상황을 숙명적으로 수용하지만 종국에는 절규하면서 질문을 던진다. 자신들이 희생하면서 살려낸 그리고 살려낼 오리지널 인간의 생명과 복제 인간인 자신들의 생명이 다른 것이냐고! 왜 달라야 하느냐고!

인간의 생명 연장이라는 꿈을 위해서 또 다른 생명을 임의적으로 만들어 양산하고 또 그들을 마음대로 이용하는 것은 허용될 수 있는가? 만약 허용될 수 있다면, 허용의 범위는 어디까지로 할 것인가, 허용의 기준은 인간의 존엄성이라는 본질에 위배되는 것은 아닌가? 복제 인간 역시 감정이 있는 한 인간으로서 성장하고, 삶의 과정에서 여러 가지 감정을 느끼며, 다양한 사건을 직면하고 또 여러 인간관계를 경험하는데, 이들을 이용하는 것이 과연 누구를 위한 것인가? 이것은 인류 전체의 미래를 위해 바람직한가? 또 기술을 이용할 수 있는 사람과 그렇지 못한 사람들 간의 사회적 격차, 경제적 격차, 삶의 질에서의 격차는 어떻게 다뤄질 수 있는가? 가즈오 이시구로는 생명과학이 가져오는 우리 사회의 변화라는 이 엄청난 과학기술과 사회의 문제를 우리의 매우 일상적인 대화 주제로 들고 왔다. 그리고 조용하고도 강력한 목소리로 말한다. 인간이라는 것이, 인간적이라는 것이 과연 무엇인가를!

"어린이들을 위한 동화를 한번 써보고 싶었습니다. 그래서 제 책 편집자 일을 하는 딸 나오미 이시구로에게 대략적으로 이야기를 들려주었지요. 그런데 딸의 반응은 부정적이었어요. 움직이고 말할 수 있는 장난감이 자신을 데려갈 어린 소녀를 기다리는 이야기는 어린이들에게 트라우마를 유발할 수도 있다고 말하더군요". 그래서 어린이 동화책이 아닌 대중적 문학작품으로 탄생했다는 〈클라라와 태양〉은 친구에 관한 이야기이자 역시 인간의 본질을 다룬 이야기다. 클라라는 태양을 에너지원으로 살아가는 인공지능 로봇이자 친구인 에이 에프(Artificial Friend)다. 그녀는 AI 반려 로봇 쇼윈도에서 그녀를 데려갈 주인(소비자)를 기다리며 인간을 관찰하기를 좋아하며 인간들이 어떻게 소통하고 또 어떤 감정을 느끼는지를 알고 싶어 한다. 그러던 어느 날 클라라는 조시라는 소녀를 만나게 되는데, 조시는 걸음걸이가 불편하고 야위고 아픈 아이다. 조시는 여타의 로봇을 제치고 클라라를 선택하고, 클라라는 조시의 집에서 동거를 시작한다. 관찰력이 매우 뛰어나고 감수성이 풍부한 클라라는 이상적인 친구의 역할에 아주 적합하다.

클라라는 조시뿐만 아니라 그녀의 가족, 특히 딸의 생존을 위해 클라라가 중요한 역할을 할 수 있을지 의심과 기대를 동시에 걸고 있는 엄마 크리시와도 많은 시간을 보내게 된다. 조시의 상태가 점점 악화되어가는 반면에 클라라와 익숙해진 엄마의 심경에는 서서히 변화가 생긴다. 딸을 잃을까봐 걱정하던 엄마의 마음은 자신의 딸이 병을 이기지 못하고 죽게 될 경우에 자신이 견뎌야 하는 아픔을 피하고 싶은 마음으로 옮겨간다. 급기야 클라라를 딸과 똑같이 만들려는 계획을 꾸미기까지 한다. 이와 반대로 클라라는 자신에게 에너지를 주는 태양이 조시를 낫게 할 수 있다고 믿으면서 로봇으로서 해보지 못한 위험을 감당하려고까지 한다. 참으로 아이러니가 아닐 수 없다. 엄마(인간)는 자신에게 닥칠 두려움의 대체제를 찾으려고 하는 데 오히려 인공지능 로봇이 조시(인간)을 살리기 위해 노력하니 말이다.

가즈오 이시구로는 AI 로봇에 비쳐진 인간들의 감정과 사랑을 다루고 있다. 인간들은 다양한 감정을 동시에 느끼기도 하고, 때로 상대방을 비웃기도 하지만 그러면서 동시에 슬픔을 느끼기도 한다는 것이다. 또 때때로 자신이 진정으로 원하고 의도하는 것과는 반대되는 말과 행동을 하기도 하고 외로움에서 벗어나기 위해 매우 복잡하고 헤아리기 어려운 행동을 할 때도 있다. 하지만 가끔은 혹독한 외로움을 감수하면서까지 누군가의 더 나은 행복과 미래를 바라기도 한다는 것이다. 클라라에게 비친 인간은 바로 우리 자신의 모습이 아니던가? 그리고 또 질문한다. 과연 인간적이라는 것은 무엇일까? 인간이 고유하다고 말하는데, 그 고유함의 근원은 무엇이며, 우리는 과연 인간보다 더 '인간적'인 클라라를 만날 수 있을 것인가?

2022년에 챗 GPT가 출시된 첫 주에 100만명 이상의 이용자가 생겼다는 소식은 가히 충격적이었다. 테슬라 CEO인 일론 머스크도 "챗 GPT가 무섭게 좋다"며 "위험할 정도로 강력한 AI"라고 트위터에 올렸었다. 그로부터 1년 6개월이 지났다. 그동안 챗 GPT는 전 세계인의 일상은 물론이고 IT·금융·물류 등 산업 모든 분야에 지대한 영향을 끼쳤으며, 장문의 글과 이미지, PPT와 영상까지도 만들어 내는 요즈음 인간의 영역은 인공지능과 법적, 문화적, 윤리적으로 다투고 있다. 이제 대학생들에게 제시한 글쓰기 과제는 얼마나 독창적으로 쓰여졌느냐 보다 얼마나 챗 GPT를 덜 사용했느냐가 체크 포인트가 되었다. 이러는 중에 인공지능 분야의 대부라는 제프리 힌턴 토론토대 명예교수는 "10년 내에 자율적으로 인간

사진 7 소설 클라라와 태양 표지

을 죽이는 로봇 병기가 등장할 것으로 본다"면서 자신은 AI가 지배하는 미래를 원하지 않기 때문에 AI 연구를 하지 않겠다고 선언하고 나섰다.

인공지능의 위험에 대한 전문가들의 경고는 곧 세계 정상들의 모임으로 이어졌다. 지난해 11월 영국 블레츨리 파크(Bletchley Park)에서 개최된 'AI 안전 서밋(AI Safety Summit)'에 이어 우리나라에서 지난 5월 'AI 서울 정상회의(AI Seoul Summit)'가 개최되었다. 영국, 미국, EU, 중국 및 우리나라 등 29개 이상의 국가가 공동의 선언문을 발표했던 영국 회의에 이어 이번 서울에서는 AI가 추구해야 할 3대 목표를 안전성, 혁신성, 포용성으로 규정하고, 이를 어떻게 구체화할지를 논의했다. 글로벌 AI 기업도 자발적으로 AI가 가지는 위험 요소는 최소화하면서, 자유로운 연구개발을 통해 잠재력은 최대한 구현하고, 이를 통해 창출된 혜택은 인류 모두가 공평하게 누릴 수 있는 여러 방안을 논의했다. 참으로 반가운 일이 아닐 수 없고 우리 모두가 관심을 가져야 할 일이다. 결국 첨단 기술이 가져오는 사회적, 문화적, 경제적 변화 혹은 빛과 그림자는 우리 모두에게 예외 없이 그것도 바로 지금 적용되기 때문이다.

〈네버 렛미고〉와 〈클라라와 태양〉은 대중적 문학작품이면서 SF소설이다. 대부분의 SF 소설이 그러하듯이 작가는 시대를 앞서서 읽으며, 풍부한 인문학적 상상력으로 우리를 현재적 삶과 미래로 이끈다. 작가 가즈오 이시구로는 인간이 아닌 복제 인간과 AI 로봇을 통해 우리 자신이 고유한 것은 우리 주변의 사람들 때문이며, 그들이 우리에게 품는 사랑, 미움, 희생, 고마움 등등의 감정 때문이라고 말한다. 첨단기술이 사회를 견인하는 시대에도 우리가 인간으로서 가져가고 싶은 가치는 인간과 인간 사이에서의 공감과 격려, 우정과 사랑이라고 말한다. 첨단기술의 방향과 속도에 대한 고민은 우리 모두의 일이다.

6

인공지능과 친구가 될 수 있을까?

바야흐로 인공지능 시대다. 무엇이든 AI를 덧붙이면 돈이 되는 세상이다. 얼마 전까지만 해도 우리는 4차산업혁명이라는 단어를 유행어처럼 쓴 적이 있다. 서점에 진열된 책들은 거의 모두 각자의 분야가 4차산업혁명과 어떻게 연관되는지 혹은 어떻게 연관될 수 있는지를 자랑하듯 뽐내고 있었다. 이제 그 유행어를 인공지능이 대체하고 있다. 실제로 인공지능에 관해 연구하는 과학자, 기술자, 공학자들은 매일 매일 고군분투하며 놀라운 진보의 성과들을 내놓고 있지만, 과연 인공지능이 어느 정도까지 발전할지 인공지능이 정말로 인간의 지능을 넘어서는 특이점의 시대가 도래할 지에 대해서는 그 누구도 확실하게 단언하기 어려운 것도 사실이다.

첨단기술이 우리 사회에 도입될 때 야기되는 삶의 변화와 사회적 흐름에 주목하면서 관련된 글을 게재해 온 세계적인 잡지 와이어드(Wierd)의 편집장인 케빈 켈리가 출간해 온 책 제목들을 보면 우리가 어디쯤 와있는지를 잘 짐작할 수 있다. 그는 2016년에 〈인에비터블, 미래의 정체(The Inevitable: Understanding the 12 Technological Forces That Will Shape Our Future), 2016〉라는 책을 통해 인터넷 혁명이 가져올 파급력을 날카롭게 직시했다. "내가 처음 컴퓨터를 보았을 때 그 컴퓨터가 하는 일이라곤 접혀있는 종이에다가 회색 숫자를 줄줄이 찍어내는 것 뿐이었다…. 하지만 한참 후 컴퓨터 속에는 거의 무한한, 드넓기 그지없는 세계가 펼쳐졌다. 바로 인터넷이라는 세계였다." 농업혁명, 산업혁명을 넘어 인터넷 기술이 우리의 삶을 엄청나게 변화시켜 왔다고 말하는 그는 앞으로의 30년을 빚어낼 피할 수 없는 기술의 힘 가운데 12가지를 살피면서 "모든 것은 다른 무언가가 되어가고 있으며, 가능성 might에서 현실is을 빚어내고 있다"고 말한다. 인공지능이 전기처럼 흐르는 세상, 인공지능이 공기처럼 인식되는 세상, 그런 미래는 과연 우리를 어떻게 바꿀 것인가? 그는 완성되는 것은 아무 것도 없으며, 결코 끝나지 않을 이 변화야말로 현대 세계의 주요 특징이라면서, 우리의 미래는 무엇인가가가 되어가는 "과정"이라고 설명하고 있다.

그로부터 이미 20년 전(1992)에 그는 또 하나의 저작인 〈통제불능(Out of Control: The New Biology Of Machines, Social Systems, And The Economic World)〉이라는 센세이셜한 책을 통해 기계와 생물의 상호작용 가능성에 대해 논의했었다. 그는 20세기가 물리학의 시대라고 한다면, 21세기는 생물학의 시대로, 왜 21세기가 통제불능의 시대가 될 것인지를 예견했다. 그는 "태어난 것들(Be

Born)"인 인간과 "만들어진 것들(Be Made)"인 기계가 서로 경쟁하는 시대인 21세기에는 기술적인 시스템이 지극히 복잡해지고 또 자율적으로 작동함으로써 살아있는 생물과 기계 시스템이 더 이상 구분이 불가능해질 것이라고 보았다. 그는 "만들어진 것이든 태어난 것이든 생명과 유사한 특성을 가진 시스템을 모두 비비 시스템"이라고 부르며 분석하고 연구했는데, 그의 이 획기적인 이 아이디어는 기계와 인간의 인터페이스를 다룬 영화 《매트릭스》에 결정적인 영감을 주었다고 한다.

그렇다. 케빈 켈리가 출간한 책들 제목처럼 우리는 분명 인에비터블(피할 수 없는) 하면서도 통제불능의 시대를 살고 있다. 우리 모두는 인간이 되고 싶은 기계와 신이 되고 싶은 인간의 시대에 살고 있는 것이다. 그렇다면 문제는 인에비터블하고 통제불능의 시대를 어떻게 잘 살아갈 수 있는가 하는 것이다. 케빈 켈리는 기술이 갖는 이익을 최대화하면서 그 위험을 줄이는 것은 인간의 몫이라고 말한다. 과연 우리 인간은 이 인공지능의 시대, 인공지능이 탑재된 로봇 기계가 인간처럼 말하고, 행동하고, 노동하고, 유희를 즐기며 진화하는 이 시대에 과연 무엇을 할 수 있고 또 해야 하는가! 첨단기술로 인해 피할 수 없는 세상이 도래했다고 해서 인간의 통제를 넘어서도록 내버려둬야 하는가? 기술을 통제불능의 상태로 남겨두는 것이 아니라 휴먼-프렌들리하고 인간에게 유용한 방식으로 통제할 수는 없는 것인가?

다행히 지난 7월에는 이러한 일을 위한 매우 고무적인 일이 있었다. 이러남 문제를 앞서서 연구하고 정책 방안을 제시하면서 인공지능이 우리 사회변화에 어떻게 도입되고 또 대응해야 할 것인지를 전문적으로 교육하고 연구하는 인력을 키우겠다는 목적의 대학원이 국내에서 처음 개원된 것이다. 2019년에 5개 대학인 KAIST, 고려대, 성균관대, GIST, 포항공대에 인공지능대학원이 설립되어 그동안 활발한 기술적 연구를 수행하는 것에 이어 올해 GIST에 인공지능정책전략대학원이 새롭게 개원했다.

진보하는 AI와 인간의 관계가 더욱 미묘하고 복잡해진 이 시점에서 인공지능에 관한 기술적 연구를 넘어 AI의 기술발전으로 인해 야기될 수 있는 인간적, 사회적, 문화적, 윤리적, 경제적, 산업적 측면을 앞서서 관찰하고 진단하고 또 이해하는 일은 매우 중요하다. 나아가 구체적인 대응을 위한 정책과 전략을 개발하는 인력을 키워내기 위해 특화된 대학원은 매우 시의적절하다. 특히 인공지능정책전략대학원이 표방하는, 인간 중심으로 사고하고(Human-centric), 윤리적으로 판단하며(Ethical-decision), 미래사회변화를 선도하면서(Leadership-innovation), 다양한 경제적, 사회적 문제에 AI 기술을 적용하고 해결책을 제시하는(Problem-solving), HELP형 인재야말로 가장 시급히 키워야 할 인재가 아닐 수 없다. 이전의 타 기술 도입의 사례에서 나타나듯이 AI 기술도입으로 인해 야기될 불평등을 줄이고 모든 사람이 기술발전의 혜택을 골고루 누릴 수 있도록 그리고 인간이 기술로 인해 소외되지 않도록 고민하고 연구하며 구체적인 정책을 제시하는 일은 이제 인공지능 기술개발

만큼이나 중요하기 때문이다.

필자는 지난 주말 경기도 어린이 박물관에서 〈인공지능 로봇과 친구가 될 수 있을까?〉를 주제로 특강을 했다. 한동안 어린이들에게 로봇은 친근한 장난감일 뿐이었고 상상력의 산물이었다. 하지만 1980년대에 즐겨보던 만화영화 《우주 소년 아톰》은 2000년대에 휴머노이드 이종 보행 로봇인 〈아시모〉로 탄생하게 되었다. 〈아시모〉는 지난 20년 동안 일본미래과학관(The Miraikan)에서 과학커뮤니케이터로 활동하면서 관람객에게 다양한 공연을 선보이며 인기를 끌었다. 아시모가 축구공을 발로 찬 다음 손을 들어 환호하는 장면은 남며노소 누구나에게 큰 즐거운을 주었지만 이제 아시모는 역사 속으로 영영 사라져버렸다. 인간의 복잡한 관절을 더 정교하게 닮은 로봇들이 등장했기 때문이다. 보스톤 다이내맥스의 〈아틀라스〉가 "당신은 나를 사랑하나요(Do you Love me?)"라는 음악에 맞추어 춤을 추는 동영상은 전 세계인에게 커다란 충격과 함께 큰 감동도 주고 있다. 여기에 더해 얼마 전 중국에서는 인간의 피부와 머리카락, 모양을 닮은 인공지능 로봇이 출시되어 도시 관광 안내도 아주 잘 해내고 있다. 인공지능 로봇과 결혼한 남자도 있다고 한다.

머지않아 영화 《허(Her)》에서 주인공 남자와 사람에 빠지는 인공지능 사만다가 정말 인간과 같은 외형으로 나타날지 모른다. 그렇게 나타난 '사만다' 혹은 '마이클'은 빅데이터에 기반하여 인간사회를 이해하기 때문에 언제 어디서든 나의 요구에 응대할 것이

사진 8 일본 미라이칸에서 아시모의 공연

고, 내가 슬플 때 듣고 싶은 최적화된 위로의 말과 내가 기쁠 때 듣고 싶은 최적의 칭찬을 들려줄 것이다. 나를 위한 완벽한 맞춤형 서비스를 제공해 줄 것이다. 나를 나보다도 더 잘 알고 나의 상황을 그 누구보다 잘 이해해주는 '사만다'와 '마이클'을 당신은 친구로 또는 가족으로 거부할 수 있겠는가? 사실 그러기는 쉽지 않을 것이다. 그 누구도 장담하기 어려운 문제다. 그런 로봇이 등장하는 세상을 빨리 오게 할 수도, 아니면 그렇지 않게 할 수도 있는 주체는 누구인가? 과학자들인가? 공학자들인가? 기업가들인가? 아니면 소비자들인가? 그들을 모두 포함하는 바로 우리 인간이다. 그래서 인간과 인공지능 로봇과의 친구맺기는 우리 모두의 과제인 것이다.

7

기술 개발과 사회적 성찰의 균형 찾기

- 오사카대학교의 ELSI 연구센터

오래전 읽었던 소설 〈태백산맥〉의 스토리는 잘 기억나지 않는다. 해방 직후부터 한국전쟁 전후까지 전라남도 벌교와 보성 지역을 배경으로 다루었으며, 이념 대립과 민중의 삶을 그렸다는 정도가 기억의 전부다. 하지만 아직도 생생하게 남아있는 한 장면이 있다. 도포를 입은 노인이 처음으로 기차라는 기계를 대면했던 장면이다. 하얀 구름을 품으며, 칙칙 굉음을 내면서 무섭게 달려오는 검은 괴물, 기차를 보면서 노인은 기겁하여 소리친다. 저것이 무엇인고? 도대체 저 무섭도록 달려오는 검은 괴물이 무엇인고? 라고. 과거의 전통 속에서 평생을 살아온 노인에게는 질주하며 달려오는 기차가 엄청난 두려움의 대상이었다. 기차는 결국 근대화와 산업화로 이어지는 중요한 역할을 담당했지만, 그것이 처음 우리 사회에 도입되었을 때 아마도 대부분의 사람들이 보인 반응은 노인과 별반 다르지 않았을 것이다. 신기함과 경이로움을 느끼기도 전에 공포감과 두려움이 앞섰을 것이다. 기차라는 기계는 그렇게 우리 사회에 도입되었고, 이것은 첨단기술이 도입될 때 우리 사회가 직면하는 일반적인 장면과 유사하다.

바야흐로 AI 첨단 기술의 시대다. 하지만 사람들은 기차가 처음 도입되었을 때만큼이나 두려움과 공포감을 그렇게 느끼지는 않는 것 같다. 왜냐하면 AI가 붙으면 뭐든지 상품이 되고 돈이 되기 때문이다. 챗봇이 챗 GPT로 대체되었을 때 사람들의 반응은 두려움보다는 신기함에 가까웠다. 이세돌을 이긴 알파고에 놀라던 세계는 챗 GPT를 적극적으로 사용하면서 또 한번 경이로운(?) 세계에 빠지는 듯하다. 그러면 사람들은 왜 기차가 처음 도입되었을 때 느꼈던 공포감을 AI의 경우에는 느끼지 못하는가? 아니면 느끼는데도 표현하지 않는 것인가? 아니면 누군가가 기차를 길들였던 방식으로, AI를 잘 길들여서 결국 인간을 위해 봉사하도록 만들어 줄 것이라고 믿는 것인가?

2024년에 노벨물리학상을 수상한 제프리 힌튼은 10월의 어느 날 새벽 전화 소리에 잠을 설친다. MRI 촬영을 위한 병원 진료 예약 때문에 캘리포니아 싸구려 호텔에 머물고 있던 그는 전화기 건너편에서 들려오는 스웨덴 액센트의 목소리를 듣고 깜짝 놀란다. "정말로 놀랍군요, 저는 물리학을 잘 공부하지 못했는데… 제가 노벨 물리학상 수상자라니요". 그렇게 시작된 노벨상 웹사이트 관계자와의 인터뷰는 긴장과 흥분 속에서 새벽 3시가 넘어 종료된다. 마지막에 인터뷰어는 그에게 질문한다. AI의 대부라 불리는 당신, 하지만 구글사에서 AI를 연구하다가 그 잠재적 위험성을 전 세계에 경고하며 퇴사한 당신, 그런 당신에게 왜 노벨 물리학상이 주어졌다고 생각하시나요? 그는 답한다. 아마도 저에게 노벨상이라는 엄청난 권위의 힘을 더해줌으로써, 저로 하여금 국제사회에 그리고 빅테크 회사들에게 AI의 안전성 연구에 더 많은 관심과 투자를 하도록 하라는 미션을 준 것이 아닐까요? 라고.

기차와 AI와 같은 새로운 기술 발전이 인간과 사회에 어떤 영향을 미치는지를 미리 예측하고, 그에 대한 대응 방안을 모색하는 연구 영역이 있다. 바로 엘시ELSI(Ethical, Legal, and Social Implications) 연구다. ELSI 개념은 1990년대 초에 미국의 인간게놈 프로젝트(Human Genome Project, HGP)와 함께 처음 제도화되었다. 미국 NIH는 게놈 프로젝트 예산의 약 3~5%를 ELSI 프로그램에 할당하여 유전자 정보가 갖는 프라이버시 문제, 차별 문제, 윤리적 문제, 법적인 문제 등에 관해 연구하도록 했다. 윤리적 측면에서는 옳고 그름, 인간 존엄성, 권리에 대한 철학적 접근이, 법학적 측면에서는 제도, 규제, 프라이버시, 국제조약 등이, 사회학적 측면에서는 사회적 수용성, 권력 구조, 과학의 제도화, 과학기술 거버넌스, 시민참여, 리스크 커뮤니케이션 등이 포함된다. 과학기술 그 자체뿐 아니라 그것이 사회 속에서 작동하는 방식을 집중적으로 분석하고 연구하는 엘시는 이후 세계 여러 나라로 확산되었고, 유럽은 물론이고 아시아에서는 특히 일본으로 확대되었다. 우리나라에서는 2000년대 초반 나노기술 및 생명공학 기술에 대한 ELSI 연구가 처음 도입되었고, KISTEP에서 나노소재기술영향평가라는 특별 위원회를 조직하여 나노기술에 대한 ELSI 연구를 수행했다. 필자도 당시 사회문화분과위원회 위원장으로 참여한 바 있다. 카이스트의 인문사회학부에서는 인간유전체 분야로 특화하여 21세기 프론티어연구개발사업 인간유전체기능사업단과 함께 ELSI 관련 세미나를 개최했다. 인간유전체 연구와 그 성과의 활용에 대한 사회적 신뢰 구축에 기여할 수 있는 연구 방향을 모색한 것이다. 첨단 기술이 미래의 우리 삶에 끼칠 다양한 수준의 영향을 예측하고 관련된 부작용을 최소화할 수 있는 방안을 모색하는 이 연구는 연구자와 일반 시민 사이의 매개 역할을 수행하지만 2010년 이후에는 우리나라에서 활발한 연구가 이어지지 못하고 있다.

하지만 이와는 반대로 일본에서는 지난 15년간 ELSI가 국가 과학기술 정책에서 중요하게 자리 잡았다. 1991년 인간 게놈 프로젝트가 시작되면서 일본에서도 대중과의 소통 및 유전학과 그 잠재적 응용에 대한 기본 이해를 확산하기 위한 소규모의 움직임이 일어났다. 1999년에 부다페스트에서 개최된 세계과학회의(World Conference on Science)에서 유네스코와 ICSU(International Council for Science)는 "사회 속의 과학과 사회를 위한 과학"을 선언했는데, 그 영향을 받아 2004년에 일본 과학기술백서에 ELSI가 포함되었다. 2005년을 "일본 과학 커뮤니케이션 원년"으로 부르는 이유는 정부가 홋카이도대, 도쿄대, 와세다대에 과학 커뮤니케이션 프로그램이 출범하도록 지원했으며, 오사카대학교의 커뮤니케이션 디자인연구소 등에서 ELSI를 다루는 STS 연구자들의 주요 집단이 형성되었기 때문이다. 2006년 일본의 제3차 과학기술기본계획에서는 ELSI가 해결해야 할 잠재적 문제로 언급되었으며, 2011년 제4차 기본계획에서는 ELSI 차원에서 후쿠시마 원전 사고를 진지하게 다루어야 한다고 언급되었다. UN의 지속가능발전목표(SDGs)를 반영한 제5차 과학기술기본계획(2016년)에서는 재생의학, 인공지능 등 최신 S&T 발전에 대한 ELSI 대응과 사회적 수용성을 높이기 위한 학제 간 연구를 요구했다.

일본에서 ELSI 연구는 일본 과학기술진흥기구(JST)의 산하 조직인 〈사회를 위한 과학기술연구소(RISTEX: Research Institute of Science and Technology for Society)〉와 〈진화하는 과학기술을 위한 핵심 연구(CREST:Core Research for Evolutional Science and Technology)〉 프로그램으로 추진되고 있다. 2018년에 시작된 RISTEX의 대표 프로그램인 "첨단 과학기술의 ELSI(ELSI of Emerging Science and Technology)"는 AI, 유전체, 뇌과학 등 새로운 기술의 윤리·법·사회적 쟁점을 분석하고 정책을 제언하며, 기술 개발자와 윤리학자, 법학자, 시민단체가 함께 참여하는 다학제 융합 연구를 추진하고 있다. 특히, 총리실 주도 대형 융합기술 개발 프로그램인 SIP(Cross-ministerial Strategic Innovation Promotion Program)는 자율주행, 스마트 농업, 재난 대응 등의 분야에서 ELSI 전문가를 실제적으로 기술 개발 과정에서부터 참여시키고 있다.

RISTEX과 협력하면서 일본에서 ELSI 관련 학문과 실천을 가장 선도적으로 확장해 온 대학은 바로 오사카대학교이다. 이곳의 〈인

사진 9 오사카대학교 ELSI 교육 프로그램

간 과학 연구소 (Institute for Human Sciences)〉는 과학기술의 사회적 함의에 대한 STS적 연구, 윤리적 연구, 사회심리학적 연구를 수행하며 시민 참여형 과학정책을 수립하고 있다. 또 〈과학기술과 인간연구센터 (Center for the Study of Co*Design, CSCD)〉에서는 윤리적 딜레마에 대한 사회적 합의를 형성하는 방법을 연구하는데, 과학 정책 현안에 대한 시민 패널, 시나리오 워크숍, 드라마 등 다양한 참여 방식을 사용하는 특징이 있다. 의학 분야에 특화된 〈첨단 의학을 위한 ELSI 센터(ELSI Center for Advanced Medical Science)〉에서는 생명윤리 (특히 유전자 편집, 게놈 분석 등), 환자 정보 보호, 동의 과정의 윤리적 개선, 생명 과학기술의 사회적 수용성 및 규제 프레임 제안 등의 연구를 수행하고 있다. 오사카대학교에서는 기술 개발과 사회적 성찰을 분리하지 않고, 시민참여형 기술 민주주의 모델을 적극 실험해 왔으며, ELSI를 단순한 '감시'나 '외부적 평가'가 아닌 '공동 설계(Co-Design)'을 통한 기술 개발 과정으로 다루고 있다.

오사카대학교의 ELSI센터와 긴밀히 연구 협력을 수행해 오는 시가대의 케이 카노(Kei Kano) 교수에게 이메일로 AI 기술 개발에 엄청난 예산과 에너지를 투입하겠다는 한국 정부에 조언을 부탁했다. 그는 "인간 지능(HI)과 인공 지능(AI)과의 조화에서 정말로 중요한 것은 대중의 AI 리터러시를 촉진하는 것이지만 동시에 법적 규범을 만들거나 AI 기술 개발에 ELSI 전문가들을 참여시키는 것이라고" 말했다. 그의 선배인 토호쿠대학교의 유코 하라야마(Yuko Harayama) 명예교수가 한 포럼에서 지적하듯이 AI는 지금까지의 그 어떤 기술보다도 과학자들에게 그리고 우리 사회 전체에게 깊은 자기 성찰을 요구하고 있다. 인간을 닮고 싶은 기계와 인간의 공존을 위해 서둘러야하는 것은 바로 AI 기술의 ELSI 연구와 실천이다.

8

엑스포는 도시 창의성의 상징

전 세계 인구의 절반 이상은 크고 작은 도시, 새로 생겨나거나 오랜 역사를 갖는 도시에 살고 있다. 1800년에 3%에 불과하던 도시 인구는 산업화와 함께 급증하여 20세기 말에는 47%의 인구가 도시에서 살게 되었다. 2025년 현재 82억 명에 달하는 세계 인구의 약 58% 가 도시에 살며 이러한 추세는 앞으로도 계속될 것 같다. 그러면 사람들은 왜 도시로 몰리는가? 왜 도시에서 살기를 원하는가? 도시는 물적, 인적 인프라가 우수하고 편리하며 일자리가 풍부하기 때문이다. 여기에 더해 하버드대학교의 경제학자인 에드워드 글레이즈 교수는 2011년에 출간한 〈도시의 승리(Triumph of the City)〉에서 아예 "도시를 인류의 가장 위대한 발명품"이라고 선언하고 있다. 인류 문명을 일군 수 많은 발명품들 중에 도시를 최고의 발명품이라고 주장하는 그는 도시가 바로 "인류 문명의 엔진"이라는 것이다. 아테네, 붐바이는 물론이고 런던, 파리, 뉴욕과 같은 도시들에 사람들이 모여드는 것은 도시가 인재와 기술과 아이디어를 끌어들이기 때문이고, 맛과 멋에 탐닉하는 인간의 놀이터이자 창의적인 공간이기 때문이라는 것이다.

도시를 인간의 놀이터이자 창의적인 공간으로 변모시킨 대표적인 사건들 중 하나는 세계 엑스포다. 1851년 런던 하이드파크에 세워진 크리스탈 팰리스에서 개최된 최초 엑스포는 데본셔 가문의 정원사로 일하던 로버트 팍스톤이 수련 잎에서 영감을 얻어 설계한 것이었다. 허더스필드 지역에 살던 노동자가 1달 월급을 아끼며 밤새 야간열차를 타고 방문했던 전시회장에서 그가 경험한 것은 최첨단의 과학과 기술, 그리고 산업이 바꾸는 세상이었다. 인간의 창의성이 빚어낸 성과를 맛보기 위함이었다. 이후 조성된 하이드파크 남쪽의 〈전시회 거리〉는 미래세대들의 창조성을 격려하고 확장하며 표현하는 공간으로 조성된 것으로 오늘날 런던의 가장 대표적인 관광명소가 되었다. 자연사박물관과 과학박물관, 빅토리아와 앨버트 박물관, 로얄 앨버트 뮤직홀 그리고 영국의 대표적 이공대 임피리얼 칼리지는 인간을 위한 대표적인 놀이터이자 창조적인 공간으로 자리매김한 것이다.

예술과 과학의 도시, 파리의 가장 상징적인 랜드마크인 에펠탑도 역시 엑스포의 산물이다. 프랑스 혁명 100주년을 기념하여 기획된 에펠탑은 철도 엔지니어이자 교량 등 금속 구조물 설계로 유명했던 건축가 구스타프 에펠의 작품으로 치열한 공모경쟁을 뚫고 당선된 작품이었다. 철근으로만 된 특이한 디자인 때문에 당시 많은 지식인들로부터 비판의 대상이 되었던 이 엑스포에서는 토머스 에디슨의 선명한 음질을 자랑하는 축음기와 함께 오티스 안전 엘리베이터가 선보였다. 에펠탑은 오늘날도 인간의 창의성을 상징하는 건축물로 전 세계인의 사랑을 받고 있다.

아시아 지역에서는 1970년 일본 오사카(大阪)에서 처음으로 엑스포가 개최되었다. "인류의 진보와 조화 (Progress and Harmony for Mankind)"를 주제로 개최되었던 이 엑스포는 전쟁 후 일본의 자부심과 미래 비전을 상징하는 국가적 이벤트로 기획되었고, 일본 전체 인구의 절반이 방문했을 정도로 대단한 관심을 모았다. 우리나라를 비롯하여 77개국이 참가하여 각국의 전통과 미래를 선보였던 이 엑스포에서는 세계 최초로 360도 구형 영상 체험 공간인 〈지구의 방〉이 처음으로 등장했다. 〈지구의 방〉은 지름이 12.8m인 커다란 구형 영상관으로, 그 내부 가운데에는 투명한 다리가 있어서 관람객들이 다리 위에서 360도 방향으로 투사되는 영상물을 관람할 수 있다. 다리 위에 서면 마치 우주 가운데 떠 있는 듯한 특별한 몰입감을 체험하게 된다. 엑스포 이후 이 전시물은 도쿄에 위치한 국립과학박물관으로 이전되었으며, 대표 전시물이 되어 하늘을 나는 바닷새, 산호초 속 물고기, 별이 가득한 밤하늘로 관람객들의 영감을 자극하고 있다. 도쿄를 창의적인 공간으로 만든 것이다.

오사카보다 3년 앞서 개최되었던 1967년 몬트리올 엑스포 역시 도시를 창의적인 공간으로 변모시킨 대표적인 사례다. 캐나다 건국 100주년을 기념하여 "인간과 세계(Man and His World)"를 주제로 개최된 이 엑스포는 역사상 가장 성공적인 엑스포 중 하나로 기록되고 있다. 특히, 새로운 인공섬(노트르담 섬)을 조성하여 엑스포 개최지로 사용했다는 점에서 도시 개발의 혁신 사례로 손꼽히기도 하는 이 엑스포에서는 미국 국가관으로 설계된 〈바이오스피어(Biosphère)〉가 등장했다. 리처드 벅민스터 풀러가 제작한 〈바이오스피어〉는 직경 약 76m, 높이 약 62m의 거대한 투명 돔 구조로 동일한 알루미늄 프레임을 반복적으로 사용하면서 프레임과 프레임 사이는 반사·굴절형 투명 아크릴 판으로 채웠다. 하지만 엑스포 종료 후 미국은 이 전시물을 철거하지 않았고 1976년 대화재가 발생하면서 금속 프레임만 남게 되어 한동안 도시의 흉물로 방치되었다. 이에 1990년대 초 캐나다 정부는 이 구조물을 보존하기로 결정하고서 이를 생태계 보전, 기후변화, 생물다양성 등을 주제로 한 대표적인 환경과학센터(Biosphère, Environment Museum)로 새롭게 리모델링했다. 오늘날 〈바이오스피어〉는 몬트리올의 대표적인 랜드마크로 자리매김했으며, 가장 아름답고 창의적인 공간으로 사람들을 맞이하고 있다.

반세기가 지난 지금 오사카에서는 두 번째 엑스포가 열리고 있다. "생명이 빛나는 미래 사회의 디자인"을 주제로 한 이번 엑스포는 이전의 엑스포와 많은 차이가 있다. 1970년 엑스포가 "기술은 어디까지 갈 수 있는가?"를 묻는 기술진보를 묻는 자리였다면, 2025년 엑스포는 "기술은 과연 누구를 위한 것인가?"라는 기술과 인간의 공존을 묻는 자리라고 할 수 있다. 일찍이 비디오아트의 선구자인 백남준이 추구한 것처럼 기술은 인간을 위해 쓰여야 한다는 메시지가 이번 엑스포의 화두인 것이다. 팬데믹, 기후 위기, 초고령화 등 인류가 직면한 위기 속에서 기술의 무한 질주가 가져올 유토피아가 아니라 기술의 '윤리'와 '책임' 그리고 '지속 가능성'의 측면에서 제시되고 있으며, 이러한 철학은 대표 전시물인 그랜드 링에서 잘 나타난다. 둘레가 약 2㎞인 이 목조 원형 건축물은 못을 하나도 쓰지 않는 일본 전통 공법을 사용한 목재 건축물로 '다양성 속 통일성'을 상징하며 세계가 하나로 연결되어 있음을 보여주고 있다.

우리나라에서는 대전 엑스포와 소규모의 여수 엑스포가 개최된 적이 있다. 1993년에 개최되었던 대전 엑스포는 "새로운 도약에의 길"을 주제로 전 국민의 행사로 성공적으로 개최되었으며 대전이 과학기술 분야의 성장 잠재력을 갖춘 도시로 거듭나는 계기가 되었다. 하지만 박람회가 끝나고 조성된 엑스포과학공원에는 오늘날 엑스포타워만이 남아있다. 지난 정부에서 부산 엑스포를 유치하기 위해 많은 노력을 했지만 유치하는 데는 성공하지 못했다. 조만간 새로운 정부가 출범할 것이다. 과학기술과 산업, 일자리를 강조하며 21세기 새로운 시대를 열어갈 것이라는 기대가 아주 크다. 다시금 엑스포 유치에 나섰으면 한다. 좋은 기획으로 보다 체계적이고 조직적으로 엑스포를 유치하여 우리나라의 어느 도시가 첨단기술과 산업과 문화와 미래를 융합하여 런던과 파리, 몬트리얼과 도쿄 같은 대도시들이 자랑하는 창의적 건축물들을 선보였으면 한다. 그 건축물 혹은 전시물을 통해 도시의 창의성을 높이고, 매

사진 10 국립광주과학관의 스페이스 360

력적인 도시로 변모하는 계기가 되었으면 한다. 혹시 광주광역시에 가게 되면 국립광주과학관의 〈스페이스 360〉 전시물을 꼭 체험하길 권한다. 세계에서 두 번째이자 국내에서 처음으로 개관한 〈스페이스 360〉은 돔형의 360도 영상관으로 색다른 체험을 제공할 것이다. 가운데 다리 위에 서 있으면 마치 우주 중심에 서 있는 듯한 착각이 들 것이다. 이 전시물은 사실 오사카 엑스포의 〈지구의 방〉과 몬트리얼 엑스포의 〈바이오스피어〉를 한국형으로 융합한 것이다. 일본과 캐나다의 창의성과 상상력에 한국의 정서를 반영한 새로운 창작물이다. 본부장으로 일하면서 국립광주과학관 그곳에 그러한 전시물을 기획하고 만들고 운영하는데 많은 노력을 기울여주었던 후배 동료들이 생각난다. 다시금 함께했던 그 시절의 그들에게 심심한 감사를 드린다.

9

비슷하면서도 다른 미국과학진흥협회(AAAS)와 영국과학진흥협회(BAAS)

'과학을 진흥시키자, 사회에 봉사하자'(Advancing Science, Serving Society). 해마다 2월이 되면 미국의 한 주요 도시는 과학과 연관된 사람들로 무척 붐빈다. 미국 전역은 물론이고 전 세계에서 활동하는 과학자, 공학자, 과학교사, 과학정책입안자, 과학 커뮤니케이터 등이 모이는 미국과학진흥협회(American Association for the Advancement of Science: AAAS)의 연례 회의(Annual Conference)가 개최되기 때문이다. 177년 전통을 자랑하며 미국에서 가장 오래되고 가장 권위있는 단체인 AAAS가 세계적 수준의 기초과학을 선도하며 미국에서의 과학 연구와 교육이 가야 할 방향을 모색하고 주최하는 이 행사는 올해 다시 워싱턴 DC에서 개최된다. 워싱턴 DC에서는 지난 2011년 〈경계 없는 과학(Science Without Borders)〉으로 그리고 2019년 〈경계를 초월하는 과학(Science Transcending Boundaries)〉을 주제로 연례회의가 개최된 적이 있고, 2025년 올해의 주제는 〈AI와 지속 가능한 발전〉이었다. 미연

방 정부가 국가 R&D 예산을 어느 규모로, 어떤 분야에 또 어떻게 사용할 것인지를 설명하는 것을 시작으로 특별강연과 수백 개의 심포지아가 개최될 이번 연례 회의에서는 지난해 노벨물리학상과 노벨화학상을 휩쓴 인공지능 분야가 인류 문명의 지속 가능성에 어떻게 기여할 것인 지에 대한 다양한 논의가 진행될 것이다.

AAAS는 1848년에 펜실베니아주 필라델피아에 모인 87명의 과학자들에 의해 시작되었다. 이들은 미국에서 활동하는 과학자들이 소수일 뿐만 아니라 서로 흩어져 있어서 상호 소통과 협력이 부족하다는 사실을 깨닫고 과학자들을 모으는 하나의 단체를 결성하고자 했다. 당시 이들에게 롤 모델이 될 만한 단체로는 영국의 왕립학회, 프랑스의 왕립과학아카데미 등이 있었지만, 이들은 회원 요건이 자유롭고 보다 문화적이며 진흥적 성격을 띠는 영국과학진흥협회(The British Association for the Advancement of Science: BAAS)를 모델로 정했다. 그리고 이름에 영국 대신 미국을 넣어 미국과학진흥협회를 발족하게 되었다. AAAS는 과학 발전에 관심이 있는 누구나 가입할 수 있었고, 1874년에는 여성에게도 회원제도를 개방하여 최초로 화학자이자 공공보건 옹호자인 여성 과학자 엘렌 스왈로 리차드(Ellen Swallow Richards)가 회원이 되었다.

AAAS가 오늘날 세계 과학계에서 차지하는 높은 명성은 수백 개의 학술 심포지아와 더불어 과학학술지 〈사이언스〉를 발간하는 것과 연관이 깊다. 〈사이언스〉지는 원래 1880년에 발명가 토마스 에디슨이 응용과학을 증진하기 위해 재정적으로 지원했지만 널리

읽히지 못했다. 1900년 AAAS는 〈사이언스〉지를 인수하여 획기적인 과학 연구 성과와 발견을 발표하는 장으로 발전시켰고 오늘날과 같은 글로벌 과학 매체가 되었다. 지난 100년이 넘는 기간 동안 〈사이언스〉지에 실린 대표적인 논문들로는 1953년 제임스 왓슨과 프랜시스 크릭의 DNA 구조에 대한 연구, 1997년 이언 윌머트의 복제 양 돌리에 관한 첫 보고 그리고 2015년 라이고(LIGO) 연구팀의 중력파 발견에 관한 것들이 있다.

AAAS는 과학학술지 〈사이언스〉 발간 그리고 매년 도시를 순회하는 연례 회의를 통해 세계 과학 연구의 중심 역할을 담당하면서도 동시에 과학자와 사회, 과학과 대중을 연결하는 노력에도 앞장서 오고 있다. 원래 〈가족 과학의 날 Family Science Day〉은 전국에서 연례 회의에 참가차 방문한 과학자들의 자녀 및 가족들을 위해 소규모로 시작되었던 서브 프로그램이었다. 하지만 오늘날에는 연례 회의가 개최되는 도시 지역사회로 그 참가자들을 확대하면서 가장 인기 있는 행사 중 하나로 자리매김했다. 특히, 과학과 예술을 융합한 인터랙티브 전시와 각종 핸즈온 체험 프로그램은 청소년들이 과학을 재미있게 접하며 이공계 분야로의 꿈을 키울 수 있는 최적의 기회를 제공하고 있다.

AAAS의 모델이 되었던 영국과학진흥협회(BAAS)는 1831년 요크에서 처음 시작되었다. 뉴턴 이래 서구과학의 중심지 역할을 해온 영국에서는 1660년에 조직되어 현재 세계에서 가장 오래된 과학자학회인 왕립학회가 조직되어 과학자들이 함께 모여 연구 성

사진 11 AAAS 연례회의 프로그램 북

과를 발표하는 공론의 장으로 기능해 왔다. 하지만 산업혁명을 거치면서 여러 분야의 과학적 지식이 급속하게 팽창하자 왕립학회가 이를 자유롭게 논의하고 유연하게 대처하기에는 적절하지 않다는 목소리가 높아졌다. 런던에 위치하며 지나치게 엘리트 중심이면서 과학을 독점하는 왕립학회는 산업혁명의 도시들에서 활동하던 과학자, 산업가, 기술자들에게는 접근이 쉽지 않았기 때문이다. 이에 신흥 과학자들은 런던이 아닌 주요 도시를 선택하였고, 매년 주요 도시를 순회하면서 지역사회에서 활동하는 과학자들을 모으고, 지역사회에 과학을 알리며 또 과학에 대한 붐을 조성하기 위한 목적으로 BAAS를 조직하게 되었다. 설립 당시부터 BAAS는 과학을 대중화하고 과학자들 간의 협력을 증진하며, 과학 지식을 널리 알리는 것을 목표로 삼았다. 또 도시를 달리하는 매 연례 회의는 가장 핫한 시대적 주제를 제시하면서 첨단과학의 대중적 토론의 장으로 자리잡게 되었다.

BAAS의 역대 연례 회의 중 가장 유명한 것은 〈옥스퍼드 논쟁 Oxford Debate〉으로 알려진 1860년 옥스퍼드 회의다. 1859년에 1,250부가 출간되어 하루 만에 다 팔렸다는 찰스 다윈의 〈종의 기원 On the Origin of Species〉은 당시 기독교적 창조론을 믿던 영국 사회에 커다란 파장을 일으켰다. 출간 하루만에 1쇄본이 다 팔렸다는 것은 당시 영국사회가 이 책에 가졌던 관심이 얼마나 대단했는지를 잘 보여준다고 할 수 있다. 이듬해 BAAS 연례 회의는 진화론을 토론의 주제로 다루게 되었고, 토머스 헉슬리(Thomas Huxley)는 스스로 다윈의 불독을 자처하며 진화론의 옹호에 적극 나섰다.

상대편은 종교계를 대표하여 옥스퍼드의 주교인 새뮤얼 윌버포스(Samuel Wilberforce)였다. 기독교적 신앙과 창조론을 방어하던 새뮤얼 윌버포스는 토머스 헉슬리에게 "당신은 원숭이와 친척이 되는 것을 할아버지 쪽으로 원합니까, 아니면 할머니 쪽으로 원합니까?"라며 조롱하듯 물었고, 이에 헉슬리는 당당히 맞서며 "과학적 진실을 따르는 것이 인간으로서의 존엄을 지키는 길"이라며 반

사진 12 1860년 BAAS 옥스포드 회의를 풍자하는 그림

박하고 나섰다. 영국 사회에서 과학이 가장 핫했던 이슈였던 시기로 기록되는 이 〈옥스포드 논쟁〉은 갈릴레오의 종교재판과 함께 과학의 역사에서 가장 유명한 과학과 종교의 '맞장뜨기'로 기억되고 있다. BAAS 연례 회의는 단순히 학술적 발표의 장을 넘어 새로운 지식의 수용 과정에서 발생하는 갈등을 어떻게 조정하는 지도 잘 보여주고 있다.

2009년 BAAS는 BSA(British Science Association)로 이름을 변경하고, 과학을 대중적 문화의 중요한 부분으로 뿌리내리게 하는 미션에 더욱 집중해 오고 있다. 미국과 달리 영국의 연례 회의에서는 가장 큰 비중이 과학 페스티벌과 과학 커뮤니케이션에 할애된다.

올해 194번째가 되는 영국과학페스티벌(British Science Festival)은 리버풀이라는 도시에서 개최될 예정인데, 리버풀존무어대학교와 리버풀대학교가 공동으로 주관하고 리버풀 도시 전체가 참여할 예정이다. 100개의 다양한 이벤트와 전시, 공연과 체험 프로그램이 선보일 이번 영국과학페스티벌은 2008년 이후 17년 만에 다시 리버풀에서 개최하는 것으로 그 열기가 벌써 뜨겁다. 올 9월에 혹시 리버풀에 가게 된다면 여러분들은 도시 전체에서 뿜어져 나오는 과학의 열기를 실감 나게 느끼게 될 것이다. 시원한 맥주 한잔과 함께 비틀즈와 축구의 도시 리버풀에서 과학을 즐겨보자.

10

글로벌 재난에서 인류를 구하는 세 가지 방법

"빗줄기가 평소와는 완전히 달랐어요". 마을 대부분이 물에 잠겨 가까스로 지붕 위에 쪼그리고 앉은 남자가 눈물을 훔치며 말한다. 남자는 오랫동안 살아온 삶의 터전이 물속에 잠기자 절망의 눈빛으로 전 세계를 향해 호소하고 있다. 2022년 파키스탄에서는 6월부터 시작된 몬순 우기로 역사상 최악의 홍수재난에 직면했다. 10년 만에 최대의 집중호우가 내렸고 특히 남동부 신드주에서는 8월 강수량이 평년에 비해 6배나 많이 내렸다. 위성 사진에따르면 국토의 3분의 1이 완전히 물에 잠겨버렸고, 인구 7명 중 1명이 피해를 입었으며, 어린이 300명을 포함해 2,000명 이상이 목숨을 잃었다. BBC와 인터뷰에서 한 공무원은 이번 홍수는 노아의 방주 경우처럼 성서에나 나올법한 홍수라고 표현하기도 했다. 전기를 비롯한 기반시설은 모두 마비됐고, 수백만명의 이재민은 먹을 음식과 물을 애타게 기다리며 살고 싶다고 호소하고 있다. 파키스탄 기후장관은 이번 집중호우는 우리가 경험했던 모든 한계와 기준을 넘어서는 큰 위기이면서 기후가 야기한 극심한 인류재앙이라고 규정하고 국제사회와 주변 국가에 적극 도움을 요청하고 나섰다.

같은 해 8월 서울에서도 단 하루 만에 300mm가 넘는 폭우가 쏟아졌다. 연간 강수량의 25%에 해당하는 양이 내린 셈인데, 집중호우로 서울 한강 이남 지역이 순식간에 물바다로 변해버렸다. 동작구 신대방동에서는 1시간 동안 141㎜ 폭우가 쏟아졌는데, 이는 80년 전의 기록을 뛰어넘는 최고의 양이다. 지하철 역사와 선로등에 물이 들어차면서 도심에서는 극심한 교통대란이 일어났고, 신림동 반지하에서는 인명피해가 생겼으며, 이틀 만에 7,000여대 차량이 침수로 인한 피해를 호소하고 나섰다. 정부는 당시 집중호우를 기후변화로 인한 이상기후에서 기인하는것 이라고 진단하고, 특별재난지역을 지정하는 등 재난관리 체계를 원점에서 재검토할 것이라고 밝혔다. 2025년 여름. 보통 한국에서는 6월 하순이 장마의 계절이다. 열흘 혹은 2주간의 긴 장마 시즌이 지나면 극심한 무더위가 이어지면서 사람들은 바닷가 해수욕장과 강원도 산지 등으로 떠나곤 한다. 하지만 올해는 장마가 완전히 사라진 듯 했다. 주요 기상방송에서도 올해는 장마가 오지 않을 것이라 예보하기도 했다. 하지만 웬걸. 마치 미뤄두기라도 한 듯이 장마는 7월 몇일 동안 집중되었다. 예를 들어, 7월 17일 하루 동안 광주광역시에 내린 비의 양은 411.9 mm로 이는 대한민국에서 관측 이래 1일 강수량으로는 최고치를 기록했다. 연평균 강수량의 1/3이 단

하루 만에 쏟아져 내린 것이다. 가히 기상재난이라고 하지 않을 수 없다.

그런데 비슷한 시기에 유럽에서는 전혀 다른 상황이 전개되었다. EU 집행위원회는 세계가뭄 관측(GDO)보고서를 통해 유럽 3분의 2에 해당하는 지역이 극심한 가뭄으로 고통받고 있으며, 이는 최소 500년 만에 최악의 상황이라고 진단했다. 에를 들어, 세계 여러 유명한 강 중에서 왕이라고 불리는 이탈리아 포(RiverPo) 강이 다 말라버렸다. 이탈리아에서 가장 길며 오랫동안 북부지역 산업발전에 필수적인 물을 공급하던 포강의 바닥이 훤히 드러나면서 2차 세계대전 당시에 사용됐던 불발탄이 발견돼, 3,000 명이 대피하는 대소동이 일어나기도 했다. 로마의티베르(RiverTiber)강도 가뭄으로 수위가 낮아지면서 기원전 50년 정도에 네로 황제 시절에 건설된 것으로 추정되는 오래된 다리의 폐허가 드러나기도 했다. 70년 만에 최악의 가뭄에 직면한 이탈리아 정부는 북부 5개 지역에 비상사태를 선포하고 나섰다. 프랑스 상황은 이보다 더욱 심각하다. 1958년 기록이 시작된 이래 최악의 가뭄을 겪고있는 프랑스에서는 강수량이 전년보다 85%나 급감하면서 옥수수 수확량이 20% 감소할 것으로 예상된다. 특히, 남동부 툴루즈 근처에 있는 100개의 마을에서는 물 금지령이 내려져 정원에 물을 주거나 자동차를 세 차하는 일이 전면 금지됐다.

지구 곳곳에서 집중호우 또는 극심한 가뭄으로 인한 〈물(Water) 문제〉가 아주 심각하다. 집중호수와 극심한 가뭄도 문제이지만,

이에 대해 미처 예측하지 못했기 때문에 그리고 제대로 대비하지 못했기 때문에 훨씬 더 많은 사람들이 엄청난 고통을 받고 있다. 자연재해의 규모가 훨씬 커졌기 때문이기도 하지만 자연재해에 인공재해가 더해져서 재난의 정도는 재앙으로 바뀌고 있다. 물 문제 뿐 만이 아니다. 세계 인구 15%가 이미 기아로 굶주리는 현 상황에서 어떻게 지구의 지속가능한 농업과 환경을 유지하면서 증가하는 미래 인구까지 먹여 살릴 것인가라는 〈식량(Food) 문제〉는 더욱 심각하다. 뿐만 아니라 보다 효율적이고 안정적이며 지속가능한 에너지의 생산과 확보 그리고 합리적이고 미래지향적인 에너지 유통의 선순환 구조를 만들어야 하는 〈에너지(Energy) 문제〉와 언제 도래할지도 모르는 코로나-19와 같은 갑작스런 바이러스 발발에 신속하게 대응함과 동시에 국제적으로 협력하며 피해를 최소화해야 하는 〈질병(Disease) 문제〉들은 서로 연관되어 있으며 복잡하고 다차원적이다. 우리 인류는 이 4가지 글로벌 차원의 문제들의 원인이기도 하고 동시에 결과이기도 한 기후재난(Climate Disaster)문제로 인해 그 어느 때 보다 가장 위태로운 상황에 노출돼있다. 과학자들과 미래학자들은 이러한 문제들을 해결하지 않으면, 우리 인류는 머지않아 지구에서 사라지거나 아니면 이러한 문제들을 더 잘 해결할 수 있는 인공지능(AI)에 인간의 자리를 내줘야한다고 주장한다.

특히, 영국을 대표하는 대기 과학자로서 NASA에서 연구하면서 전자포획장치를 개발하여 대기 중에 프레온가스(CFCs)가 존재한다는 것을 처음으로 발견하고, 오존층 파괴의 원인을 연구하도록 이끌었던 제임스 러브록(JamesLovelock)은 인류에게 남아있는 시간이 거의 없다며 그 심각성을 경고하고 나섰다. 그는 지구를 환경 변화에 반응하는 하나의 살아있는 시스템인 "가이아(Gaia)"로 규정하면서 산업발전과 인구증가로 유발된 기후 온난화, 즉 지구가 더워지는 것은, 마치 우리가 몸이 아플 때 발생하는 열과 같은 것이라고 비유했다. 그는 지금 같은 패러다임이 계속된다면, 2050년이 됐을 때는 14억 명에 해당하는 세계 인구가 현재의 거주지를 원하지 않더라도 어쩔 수 없이 떠나야 하며, 북쪽으로 이동할 것이라고 예측했다. 그의 예측대로라면 불과 25년도 남지 않은 시간 내에 인류의 대이동이 일어날 것이다. 극단의 처방이마련되지 않는다면, 우리의 자녀들은 자신이 태어난 고향에서 살고 싶어도 더 이상 살 수가 없게 된다는 것이다. 터전을 버리고 떠밀려서 타국으로 이동해야 하는 것이다.

그렇다면 이 심각해지는 5대 글로벌 문제를 해결할 수 있는 방법은 과연 존재하는가? 있다면 그것은 무엇인가? 이에 대해 지난 3년 동안 전 세계가 직접 경험했던 코로나-19 팬더믹은 좋은 대답을 줄 수가 있다. 국가를 드나들던 출입문이 모두 폐쇄되고 사소해 보이는 일상조차 멈추어야만 했으며, 셀 수 없이 많은 사람들의 죽음을 TV 화면을 통해 숨죽이며 지켜봐야만 했던 코로나-19 팬더믹을 우리는 다행히 지나왔다. 이것은 어떻게 가능할 수 있었던가? 답은 크게 두가지로 요약될 수 있다. 하나는 세계의 과학자들이 협력하며 재빠르게 백신을 개발했기 때문이고, 다른 하나는 우리 모두가 다양한 커뮤니케이션 채널을 통해 코로나 바이러스 특성을 이해하게되었으며, 그것을 토대로 열심히 비누로 손을 씻고, 사회적 거리 두기를 실천했으며 마스크를 쓰면서 적극 동참했기 때문이다. 바로 백신이라는 과학기술 연구개발을 열심히 수행했기 때문이며, 개개인이 생활 속 실천을 행하도록 안내하는 과학커뮤니케이션이 있었기때문이었다. 인류가 현재 직면한 5대 글로벌 문제인 물문제 에너지문제 식량문제 질병문제, 기후변화문제도 결국 과학기술연구개발과 대중의 생활 속 과학실천을 통해서 대부분 극복될것이고 또 해결될 수 있을 것이라고 생각한다. 때문에 과학기술 연구개발을 적극 지원하고 격려하면서 과학교육을 강화하여 미래 인재들이 이공계 분야에 많은 관심을 갖도록 안내하는 일은 아주 중요하다. 동시에 대중들에게 과학적 소양을 함양할 수 있도록 정확하고 균형잡힌 과학지식과 정보를 제공함으로써 생활 속 실천으로 연결하도록 하는 일은 아무리 강조해도 지나치지 않는다. 다시 말해서, 과학기술연구개발, 초중등과학교육 그리고 대중을 위한 과학커뮤니케이션이라는 3요소를 강화해야하며, 이들을 유기적으로 연계해 커다란 시너지를 내도록 해야 한다. 우리 인류에게 남아있는 시간 안에, 제한된 시간 안에 이문제를 해결하지 않는다면 우리에게 미래는 없을 수도 있다. 100세 생일을 맞이하여 BBC와 특별 인터뷰를 하면서 제임스 러브록이 내보였던 우려 깊은 경고처럼 정말로 우리에게 미래는 없을지도 모른다.

제2부

교육과 접목하는 방식

1

뉴턴을 성장시킨 격려의 나눔

10월의 어느 멋진 가을 날 광주의 한 고등학교로부터 특강요청을 받았다. 처음 방문한 학교의 교정 여기저기에는 조각품들이 서 있고, 학교 본관 앞에는 과학중점학교라는 현판도 붙어있었다. 과학과 예술이 조화롭게 융합된다면 21세기 인재에게 필요한 창의적 사고 (Craetive Thinking), 비판적 사고(Critical Thinking)를 키우는데 아주 이상적이라는 생각을 하며 강연장으로 들어섰다.

강연장에는 벌써 200여명의 남녀 학생들이 웃고 떠들면서 기다리고 있었다. 과연 저 10대의 학생들에게 평생에 기억될 수 있을 만한 강연을 할 수 있을 것인가? 되뇌이며 마이크를 잡았다. 웃으며 질문을 던지기로 했다. "여러분 스마트폰 손에 있나요? 그럼 스티스 잡스는 잘 알겠군요?" "네~~" 당연히 기대한 답이 돌아왔다. "그러면 혹시 스티브 잡스가 스탠포드대학교 졸업식에서 행한 연설 동영상을 본 학생이 있나요?" 순간 조용해졌고, 아무도 손을 들지 않았다. 강연을 시작하기에 완벽한 조건이었다. 학생들의 궁금증을 유발했으니 말이다.

스티브 잡스는 자신이 대학교 졸업식에 그날만큼 가깝게 와 본 것은 처음이라며 축사를 시작한다. 그는 아기 때 입양된 아이였고 그 사실을 알게 되면서 대학교를 중퇴했었으며, 그 때문에 칼리그라피 강의를 청강하게 되었는데, 그것이 맥킨토시 컴퓨터 자판이 되었다는 사연을 소개한다. 아주 담담하게 자신의 엄청난 비밀 3가지를 꺼내든 그는 이제까지 살아보니 인생은 점과 점의 연결이고, 불행한 일이라고 생각했던 것들이 결국 연결되고 연결되어서 현재의 자신을 만들어냈다며 이야기를 이어간다. 살아온 인생처럼 앞으로의 인생도 그러할 것이기 때문에 자신은 언제나처럼 "가슴이 원하는 것을 행할 것(follow your heart)"이고 그러니 여러분도 그렇게 살자고 말했다고 하니 학생들의 눈이 반짝 반짝 빛나기 시작했다.

사실, 2500년 과학의 역사를 장식했던 많은 과학자들도 자서전이나 여러 형태의 글을 통해 인생은 점과 점의 연결이라고 말하고 있다. 스티브 잡스가 말하는 점은 어느 시점에서 만나게 되는 '사람'이고 또 어떤 순간에 직면하게 되는 '사건'이다. 누구와 만나느냐 또는 어떤 사건에 노출되느냐가 결국 크고 작은 과학적 성과들로 이어지며, 역사에 남는 위대한 성과들도 그런 만남들을 통해 이루어졌다.

가장 잘 알려진 과학자 중에 아이작 뉴턴이 있다. 만유인력 법칙과 빛의 성질을 연구한 뉴턴의 경우에도 바로 '사람'과 '사건'이

사진 13 뉴턴 큐레이터와 뉴턴의 생가에서

깊은 연관이 있다. 유복자로 태어났을 뿐만 아니라 여유롭지 못한 가정형편에서 성장한 뉴턴은 농부가 되라는 어머니의 반대를 물리치고 학업을 이어 나갈 수 있었다. 그것은 일찍이 그의 재능을 알아본 고등학교 교장 선생님과 그의 외삼촌 덕분으로, 그들은 뉴턴의 어머니를 설득하는 한편 경제적 지원을 아끼지 않았다. 그 결과 뉴턴은 케임브리지대학교에 진학할 수 있었는데, 거기에서 다시 아이작 배로우(Isaac Barrow)라는 스승을 만나게 되었다.

배로우 교수는 당대 최고의 수학자로서 뉴턴에게 수학과 기하학을 가르치면서 뉴턴의 탁월함을 알아보게 되었다. 그는 이후 뉴턴을 적극 후원하고 도와주었으며, 1669년 뉴턴은 스승이었던 배로우로 부터 케임브리지트리니티대학교의 루카스 수학 교수직을 물려받게 된다. 만약 뉴턴에게 교장 선생님과 외삼촌과 배로우 교수가 없었다면 어찌 되었을까? 뉴턴은 외삼촌으로부터 경제적 지원을 받았지만 근로장학생으로 일하면서 부족한 비용을 충당했다. 때문에 그의 대학 생활은 잠시의 여유를 누릴 시간도 갖지 못한 채 항상 바빴다. 그러던 중 유럽 전역에 흑사병이 번지면서 케임브리지대학교도 휴교에 들어가게 되었고, 뉴턴은 어쩔 수 없이 고향으로 돌아가야 했다.

갑자기 여유 시간이 너무나 많아진 뉴턴, 너무나 무료하고 할 일이 없어진 뉴턴은 집 앞의 사과밭을 천천히 걸어보게도 되었고 또 2층 자신의 방으로 난 조그만 창문으로 들어오는 햇빛을 프리즘에 통과시키는 장난 겸 실험도 해보게 되었다. 그 때의 사고와 실험은 놀라운 아이디어가 되었고, 대학교로 다시 돌아온 뉴턴은 그 아이디어들을 체계적으로 발전시켜 2권의 과학책을 출간하게 되었다. 하나는 바로 만유인력 법칙을 담은 〈프린키피아〉라는 책이고, 다른 하나는 빛의 성질을 다룬 〈광학〉이라는 책이다. 만약 흑사병이 번지지 않아서 뉴턴이 스스로가 '기적의 해'라고 불렀던 1666년에 고향 집이 아니라 대학교에 남아있었고, 멍때리는 시간을 갖지 않았다면 어찌 되었을까?

물론 이 사례는 뉴턴이 교장 선생님과 외삼촌 그리고 배로우 교수를 만나지 않았다고 한다면, 그리고 1665년에 흑사병으로 인해 케임브리지대학교가 휴교하면서 뉴턴에게 자유로운 시간이 주어지지 않았다고 한다면 뉴턴의 위대한 성과가 없었을 것이라고 말하는 것이 결코 아니다. 이 사례는 우리에게 익숙한 뉴턴이라는 과

사진 14 런던 웨스터민스터 뉴턴의 무덤

학자가 보여준 천재성이라는 것도 결국은 '사람' 혹은 '사건'과의 만남과 접촉을 통해 자극되고, 발현되었으며 또 열매를 맺었다는 말이다.

강의가 끝나자 예상과는 다르게 학생들의 질문이 질문이 쇄도했다. 고등학생 대상 과학특강은 강의만으로도 쉽지가 않다는 말을 많이 들었기 때문이다. 가장 많은 학생들의 질문은 뉴턴에게 교장 선생님과 외삼촌과 배로우 교수와의 만남이 있었듯이 자신들도 그러한 만남을 원하는데, 어떻게 하면 그런 사람들을 만날 수 있겠느냐는 것이었다. "과연 어떻게 하면 그런 사람들을 만날 수 있을까?" 필자는 다시 질문을 하면서 살짝 바꾸어 보았다. "과연 어떻게 하면 내가 교장 선생님과 외삼촌과 배로우 교수가 될 수 있을까?"로. 학생들의 표정이 달라졌다. 만약 우리가 먼저 상대방의 장점을 알아봐 주고 격려해주며, 칭찬해주고 지원해 준다면, 우리 주변에 제2의 뉴턴, 제3의 뉴턴이 가능하지 않겠는가 라고? 어느 덧 2023년 한 해도 한 달밖에 남지 않았다. 여기저기서 따뜻한 나눔의 사례들이 소개될 것이고 사랑의 온도탑도 높아갈 것이다. 경제적 나눔, 교육의 나눔, 노동의 나눔 등 다양한 형태의 나눔도 중요하지만 장기적으로 볼 때 정말 중요한 것은 격려의 나눔, 응원의 나눔, 칭찬의 나눔이 아닐까 생각해본다.

2

영화 《오펜하이머》와 스토리 과학교육

21세기는 DNA 시대다. 빅데이터, 네트워크, 인공지능 등의 최첨단 기술혁신이 사회 전반에 재빠르게 확산되며 일상이 크게 변화하고 있다. 4차 산업혁명을 넘어 인공지능이 인간지능을 언제 뛰어넘을지 모르는 시대다. 21세기는 또한 부카(VUCA) 시대다. 변동성(Volatility), 불확실성(Uncertainty), 복잡성(Complexity), 모호성(Ambiguity)의 약자인 '부카'는 세상이 복잡하고 불확실하며 모호해져서 미래를 예측하기가 점점 더 불가능해지고 있다고 말한다. 자녀를 가진 부모들은 아이들에게 확실한 미래를 보장할 수 있는 직업을 갖도록 안내하지만, 세상은 오히려 그 반대 방향으로 가고 있는 것이다. 아마 지금 초등학생들이 60이 되기까지 겪어낼 사건과 도전은 필자가 겪었던 것보다 더 크고 더 많을 것이고, 더 많은 좌절의 순간들을 경험할 것이다.

게다가 21세기는 정보 홍수 시대다. 언제 어디에서든 얻고자 하는 정보와 지식을 얻을 수 있다. 하지만 문제는 무엇이 정확한 정보이고, 무엇이 가짜뉴스인지를 구별하기가 어렵게 되었다는 것이다. 최근 챗 GPT 사례에서 보는 것처럼 첨단 기술이 재빠른 속도로 우리 사회에 도입되고 확산되면서 야기될 수 있는 위험을 우리가 미처 예측할 수가 없고 사회가 곤혹을 치러야하는 기술과 사회의 부적응 시대이기도 하다. 이렇게 재빠르게 변화하며 복잡하고 예측 불가능한 시대를 잘 살아가기 위해 우리에게 필요한 것은 무엇일까? 지식일까? 정보일까? 아니면 스킬일까? 역량일까?

2016년 다보스 포럼에서는 이미 "세상은 더욱 빠르게 변화하며 초연결사회가 되어 더욱 복잡해지고 분열되겠지만, 그럼에도 우리는 모두에게 이득이 되는 방향으로 우리의 미래를 설계해나가야 한다"며, 학생들이 갖추어야 할 16가지 스킬을 제시했다. 이것은 크게 일상적인 문제 해결에 필요한 기초 문해력(Foundational Literacy)과 복잡한 도전에 직면할 때 필요한 역량(Competence) 그리고 변화하는 환경에 대응하기 위한 품성(Character Qualities)으로 나누어진다. 즉, 문해력과 역량 그리고 품성이 중요하다는 것이며, 특히 역량에서는 창의력, 비판력 그리고 커뮤니케이션 및 소통력을 가장 중요한 것으로 꼽았다.

이보다 한 해 앞서 OECD는 급변하는 세상을 이끌어갈 미래 인재 교육을 위해 '교육 2030' 프로젝트를 진행하고, 그 1차 결과보고서인 〈OECD 학습나침반〉을 내놓았다. 여기에서는 교육의 최종 목적을 개인과 사회의 웰빙이라고 정의하면서 '변혁적 역량'의 중요성을 강조했다. '변혁적 역량'에는 새로운 가치를 창출하는 창의력, 갈등과 긴장 및 딜레마를 협력적 소통을 통해 조정하는 능력 그리고 공동의 문제 의식을 갖고 공동체의 문제를 해결해나가려는 책임감이 포함되었다. 우리나라 2022 개정 교육과정도 이에 발맞추어 포용성과 창의성을 가진 주도적인 사람을 키우는 것이 교육의 비젼으로 제시되었다. 변화된 시대에 교육이 가야 할 방향은 모두 다 아는 셈이다. 이제 문제는 창의력, 비판력, 그리고 협력적 소통력이라는 역량을 어떻게 키울 것인가이다.

최근에 개봉돼 대중적 인기를 얻고 있는 영화 《오펜하이머》는 하나의 좋은 방법을 제시해줄 수 있다. 바로 과학 교과에 이와 같은 영화에서 다루고 있는 스토리를 도입하는 것이다. 솔직히 말해서 중고등학교를 다니면서 과학 시간을 기다리거나 좋아했던 사람들의 비율은 아주 낮다. 학교 과학시간을 좋아하지 않은 이유는 너무나도 명백하다. 과학 교과서는 이미 확립된 과학적 지식과 정보 및 내용으로만 채워져있다. 축약된 수식과 화학식으로 가득 차 있고, 그 어디도 특정한 이론과 법칙을 발견하기 위해 고군분투했던 과학자라는 사람들의 이야기가 없다. 살아 움직이는 사람들의 이야기가 다 제거된 무미건조한 결과물들로 채워져있고, 어쩌다 등장하는 과학자들은 천재로 대부분 그려진다. 이렇다 보니 과학교과에 등장하는 내용은 나와는 완전히 무관한, 내와는 별종인 사람들의 이야기로 여겨지고, 과학이 내 주변 사람들의 이야기, 어쩌면 나의 이야기가 될 수도 있겠다는 생각을 거의 못하게되는 것이다. TV 드라마, 특히 K 드라마나 전 세계에서 인기를 끄는 이유는 그것이 사람들의 이야기, 바로 나의 이야기가 될 수 있겠구나라는 공감 때문이다. 이제는 과학 교과 시간에 공감의 스토리를 도입해야 한다.

사실 과학은 과학자라 불리는 사람들이 무던히 애써서 만들어온 결과물의 총체다. 어느 날 저절로 주어진 것이 아니다. 지난 2500년 동안 수없이 많은 과학자들이 때로는 우선권을 획득하기 위해 치열하게 경쟁하면서 싸우기도 했고, 또 때로는 다른 학문 분야의 연구 방법을 자신의 분야에 적용해봄으로써 새로운 발견을 이루어내기도 했으며, 또 때로는 전쟁 종식이라는 대의를 위해 협력적 연구에 매진하기도 했으며, 때로는 실수하다가 우연히 새로운 발견을 이루어내기도 했다. 또 과학자들은 가장 불확실한 상황에서, 연구의 가장 최전선에서 창의적 통찰을 발휘해 새로운 발견을 이뤄낸 사람들이기도 하고, 논문으로 그 성과를 인정받기 위해서 피어리뷰의 비판에 가장 열려있던 사람들이며, 자신들의 연구가 가진 의미와 가치를 알리기 위해 적극적으로 사회 속으로 대중 속으로 나서는 사람들이다. 학교 과학 시간에는 이런 사람 냄새 나는 과학자들의 이야기가 제거되어있다.

과학자라는 사람의 이야기를 하기에 영화 《오펜하이머》는 아주 좋은 사례다. 영화에는 주인공을 비롯하여 아인쉬타인과 리처드 파인만, 하이젠베르크와 닐스 보어 등 우리가 과학 교과서에서 이름을 들어보았던 20세기 최고의 과학자들이 모두 등장한다. 이들 과학자들은 '맨하탄 프로젝트'를 위해 처음으로 서로 만나고, 대의에 동참하고, 함께 토론하다가 의견이 달라 갈등하고 또 때론 배신

하면서 '원자폭탄'을 만들어냈다. 하지만 이들은 '원자폭탄'의 사용에서 배제되는 상황에 직면하여 분노했고, 또 폭탄이 일본에 투하됨으로써 엄청난 인명이 죽음으로 내몰리고 도시 전체가 파괴되는 결과에는 커다란 충격을 받고 고뇌했다. 이후 아인쉬타인은 러셀과 함께 핵무기의 평화적 사용을 위해 앞장서기도 했으며, 오펜하이머의 동생인 로버트 오펜하이머는 물리학 연구에서 손을 떼고 대신 어린이들에게 과학적 원리를 알아가는 재미를 알려주기 위해 샌프란시스코에 익스플로라토리움을 설립하기도 했다.

만약 이러한 이야기들이 과학시간에 과학교과에 접목되어 〈스토리가 있는 과학교육〉으로 탄생한다면 어떨까? 만약 내가 오펜하이머라면 나는 어떤 선택을 했을까? 만약 내가 아인쉬타인이라면 또 어땠을까를 상상하면서 과학시간에 과학자 역할극을 해본다면 어떨까? 과학자들은 과학적 연구 결과물을 내는 사람들이고, 그 결과물을 사용하는 일은 행정력을 담당하는 사람들이 해야한다면, 그것은 최선의 선택으로 이어질 수 있을까? 최선의 선택이라는 것은 무엇을 의미하는 것일까? 등등 제기할 수 있는 질문은 무궁무진하다. 영화 《오펜하이머》 뿐만 아니라 《이미테이션 게임》 《엣지어브투머로우》 같은 수없이 많은 영화가, 『해저 2만리』 『멋진 신세계』 같은 소설이, 〈잭슨 폴락〉 〈레오나르도 다빈치〉 같은 전시회가 우리의 과학 시간을 풍부하게 만들면서, 창의적 사고, 비판적 사고, 협력적 소통의 역량을 키울 수가 있다. 이것이 바로 과학교육의 패러다임을 〈스토리가 있는 과학교육〉으로 전환해야하는 이유다.

3

크리스마스를 따뜻하게 하는 패러데이의 선한 영향력

"어렸을 적 무엇이 기억나세요?"라는 질문에 당신은 어떤 장면이 떠오르는가? 필자는 어렸을 적을 떠올릴 때마다 생각나는 두 개의 장면이 있다. 하나는 바람 한 점 불지 않는 한 여름의 매미울음 소리다. 마당에 있는 평상에 누워 하늘을 보고 있노라면 구름이 멈춘듯하고 매미는 소리내서 신나게 울고 잇었다. 또 하나의 장면은 아침에 일어나보면 밤새 내린 하얀 눈이 온 세상을 깨끗한 이불처럼 덮고 있었던 기억이다. 아무도 걷지 않은 눈길을 걸어 학교에 가는 길은 그야말로 설레임으로 가득했다. 그 즈음 조그만 읍내에 있던 작은 서점과 빵집에서는 크리스마스 캐롤이 울려 퍼지곤 했다. 미술관이 없던 그 시절에는 문방구에 걸려있던 알록달록한 크리스마스 카드가 미술관 그 자체였다. 카드 속에서 필자는 눈이 소복하게 내린 길을 외롭게 걸어가는 남자도 보았고, 크리스마스 트리 아래에 가득 쌓인 선물을 보면서 즐거워하는 서양 어느 가족의 모습도 만났으며, 근하신년이라는 한자 글귀가 크게 쓰여진 인

사말도 만났다.

하얀 성에가 가득한 가게 창문 너머에는 근사한 크리스마스 트리가 있었던 것 같다. 알록달록 조그만 전구들이 매달려 반짝이던 크리스마스 트리를 한참 보고 있노라면, 산타크로스 할아버지가 나에게도 마법처럼 선물을 들고 찾아올 것만 같았다. 적어도 크리스마스 시즌에는 구두쇠, 자린고비 스쿠루지 영감도 좋은 일을 행해서 모두가 행복해졌으면 좋겠다고 생각했었다. 이런 기억은 중년을 훌쩍 넘어선 우리 세대 대부분이 한두 번 쯤 가져보지 않았을까? 갖고 싶은 것을 가지지는 못했지만, 마음껏 상상하며 즐거워하던 시절. 그 시절의 우리들에게 크리스마스는 상상력을 자극하기에 아주 충분했던 것 같다.

2500년 동안 진행되어오고 있는 과학의 역사에서 크리스마스와 가장 가깝게 연관된 과학자가 있다. 바로 영국의 과학자 마이클 패러데이(Michael Faraday)다. 제1차 산업혁명이 시작되고 활발하게 진행되면서 사회적 유동성이 가장 컸던 시절에 태어난 패러데이는 제대로 된 교육을 한번도 받아본 적도 없었다. 하지만 그는 과학자로 성장하여 여러 화학적 연구 성과를 내놓았을 뿐만 아니라 아무도 그 가치를 몰랐던 '전기'로 우리에게 새로운 세상을 가져다 준, '전기의 아버지'다. 사람들은 '전구'와 '전기' 이야기를 꺼내면 곧바로 에디슨을 떠올리고, 영화 《커런트 워(Current War)》에서 에디슨과 테슬러 사이에 벌어지는 전류 전쟁을 떠올리겠지만, 사실 이것은 바로 패러데이의 연구가 있었기 때문에 가능했다. 에디슨이 멘로파크에서 "여기도 저기도"라고 외치며 최초의 점등식을 성공적으로 마치고 혁신의 아이콘으로 등장할 수 있었던 것은 '자기장'이라는 용어를 처음으로 고안해낸 패러데이가 있었기 때문이었다.

학교가 아니라 책제본소에서 일했던 소년공 패러데이는 제본하는 책을 틈틈이 읽으며 공부를 했고, 과학에 관심을 보였다. 그러던 어느 날 단골 손님이 그런 패러데이가 기특했던지 런던왕립연구소(Royal Institution, London)의 과학 강연에 가보라며 티켓 한 장을 선물로 주었다. 당대 최고의 과학자인 험프리 데이비(Humphry Davy)의 강연을 듣고 온 패러데이는 그의 강연을 기록하고, 그것을 책으로 만들어 데이비에게 선물을 하게 되었다. 때마침 조수가 실험으로 눈을 다쳐 새로운 사람을 구해야하는 데이비는 그를 조수로 채용하게 되었다. 이렇게 해서 과학계에 입문한 패러데이는 그의 조수가 되었으며, 후에는 제자이자 동료로서 도움을 주고받으며 평생을 함께 지냈다.

이제 데이비의 연구도 돕고 실험도 할 수 있게 된 패러데이는 어느 날 덴마크의 과학자 외르스테드(H. C. Ørsted)가 전류가 흐르는 주변에서 나침반의 자침이 움직인다는 것을 발견했다는 소식을 듣게 되었다. 그는 그와는 반대로 자기장을 이용해서 전류를 만들 수도 있을 것이라는 생각을 하게 되었고, 수년간의 끈질긴 실험을 통해 마침내 1831년 '전자기유도(electromagnetic induction)' 현상을 발견하게 되었다. '자기장을 변화시킬 때 도선에 전류가 흐른다'는 이 '전자기유도' 현상은 발전기와 변압기의 기본 원리로, 오늘날의 전기시대를 여는 결정적 토대가 되었다. 1882년 에디슨전기회사 부사장이 처음으로 촛불 대신 호두 크기만 한 빨간색, 하얀색 그리고 파란색의 전구로 크리스마스 트리를 장식할 수 있었던 것은 바로 패러데이의 전자기 연구가 있었기 때문이었다.

알록달록한 크리스마스 전구말고도 패러데이가 크리스마스와 특별히 연관이 깊은 또 다른 중요한 이유가 있다. 조수였다가 데이비가 퇴직하면서 왕립연구소의 교수가 된 패러데이는 작지만 아주 역사적인 일을 시작하게 되었다. 그것은 가난했던 어린 시절에 과학에 대한 꿈을 잃지 않았던 자신처럼 과학에 관심이 있지만 교육의 기회를 갖지 못한 청소년들에게 과학을 통해 꿈을 꿀 수 있도록 도와주는 것이었다. 그가 시작한 일은 바로 '크리스마스 과학강연(Christmas Lecture)'이다. 마치 크리스마스 기간에 아이들에게 선물을 주듯이 과학을 선물하자는 취지로 시작된 크리스마스 강연은 왕립연구소에서 진행되던 최신의 과학연구 결과를 생생한 실험과 함께 보여주는 극장식 강연쇼다. 이것은 1825년에 시작되었고 패러데이는 1860년까지 모두 19번의 크리스마스 강연을 수행했는데, 1861년에는 그 동안의 강연을 모아 유명한 과학 고전인 〈양초의 화학사(The Chemical History of a Candle)〉라는 책으로 출간했다.

세계에서 가장 유명하고 재미있고 생동감 있는 '크리스마스 강연'은 지금도 계속되고 있으며, 1966년부터는 공영방송인 BBC를 그리고 현재는 BBC 4를 통해 전국으로 방송되고 있다.런던왕립연구소는 매년 최고의 강연자를 찾기 위해 공모를 한다. 치열한 경쟁을 통해 선정된 과학자들은 수개월 동안 강연자료를 준비하고, 관련 내용을 잘 보여줄 수 있는 실험 장치를 직접 제작하는 등 많은 노력을 기울이며, 수십 번의 리허설을 반복한다. 그렇게 해서 그야말로 '영혼이 녹아든' 과학 강연이 탄생하는 것이다. 역대 유명 강연자 중에는 노벨 과학상을 수상한 브래그 부자(父子), 〈코스모스〉를 저술한 칼 세이건 그리고 〈이기적 유전자〉로 잘 알려진 리처드 도킨스 등이 있다.

20세기 들어 크리스마스 강연은 일본과 한국에서 순회개최된 적이 있다. 일본 NHK와 협력사업의 일환으로 매년 여름 일본에서 개최된 크리스마스 강연이 영국으로 돌아가는 길에 한국에서도 개최된 것이다. 한국과학창의재단의 전신인 한국과학문화재단이 영국문화원과 함께 '8월의 크리스마스 강연' 프로그램으로 몇 차례 진행되었다. 2003년에 한국에서 개최한 '8월의 크리스마스 강연'의 강연자는 토니 라이언(Tony Ryan) 교수로 그의 강연 제목은 '똑똑한 것들(smart stuff)' 였다. 그는 현대 세계에서 사용되는 일상적인 사물을 구성하는 숨겨진 재료들의 화학에 대해 소개했다. 거미줄은 얼마나 튼튼할까? 뼈가 부러졌을 때 하는 깁스의 석고는 어떻게 숨을 쉴까? 거미줄과 같은 줄을 타고 무대 위로 올라오는 퍼포먼스를 보여주면서 거미줄의 강도와 화학적 특성을 이야기하던 그의 강연은 지금도 생생하다.

사진 15 런던의 패러데이 동상

2022년에는 포렌식 사이언스(법과학)의 대가이자 해부학 전공자인 옥스퍼드 수 블랙(Sue Balck) 교수가 강연자로 선정되었고 강연이 녹화되어 12월 28일에 BBC 4를 통해 영국 전역으로 방송되었다. 패러데이가 시작한 크리스마스 강연은 180년 동안 계속되고 있다. 6대에 걸펴 계속되는 프로그램이라니! 이 프로그램을 보면서 성장한 어린이들은 과학자도 되었을 것이고, 과학의 지지자도

사진 16 패러데이 박물관내 전시물

되었을 것이며, 과학을 적극 활용하면서 삶의 질을 높이기도 했을 것이다. 영국이라는 나라가 선진국으로서 갖는 위대함의 근원은 바로 이런 전통에 있지 않을까!

패러데이는 찰스 디킨즈의 소설에 등장하는 구두쇠 스크루지 영감과 동시대를 살다 간 인물이지만, 완전히 다른 삶을 살았고 다른 유산을 남겼다. 그는 마치 산타크로스 할아버지처럼 '과학'이라는 선물을 듬뿍 가져다주었고, 그의 뒤를 이어 강연자로 나선 뛰어난 과학자들 역시 그의 정신을 이어받아 수없이 많은 청소년들에게 과학의 꿈을 가져다주고 있다. 한 사람의 선한 영향력이 전기시대라는 새로운 세상을 열었을 뿐만 아니라 크리스마스를 더욱 따뜻하고, 빛나게 만든 것이다. 패러데이가 뉴턴을 제치고 영국사람들에게 가장 존경받고 사랑받는 이유가 바로 여기에 있다. 다가오는 새해에는 우리 사회에도 선한 영향력을 보여주는 사람들이 더욱 많아지길 기원해 본다.

4

켄텍-미네르바: 미래교육 혁신모델

대학교를 졸업하고 짧은 기간 동안 고등학교 물리 교사를 한 적이 있다. 서울에 있는 신생 여자 고등학교에서 1학년과 2학년 여학생에게 물리 과목을 가르치는 일이었다. 불과 5, 6년 전에 여고생이었던 나는 여고생 물리 수업 분위기가 어떨 것인가를 너무나도 잘 짐작하고 있었기 때문에 많은 걱정이 되었다. 그야말로 인생 최대의 도전이라고 생각했다. 교과 내용을 충실하게 준비하여 정해진 시간 동안 일방적으로 전달한다면 교사로서의 역할을 못할 리는 없겠지만, 그런 수업을 하고 싶지는 않았다. 기억나는 물리 수업 시간, 학생들이 기다리는 물리 수업 시간을 만들고 싶었다. 학생들과 눈빛을 주고받으며 교감하고, 가끔 웃음도 터져 나오는 수업, 학생들의 자유로운 질문이 제기되어 때로는 내가 당혹해질 수 있는 수업. 그야말로 재미있는 수업을 하고 싶었다.

어떻게 그런 수업이 가능할 수 있을까?를 두고 출근 전부터 한참이나 고민했다. 신입이고 두려움이 없던 시절이었다. 나름 두 가지 묘안을 생각해 냈다. 하나는 고등학교 수업 시간이 50분인데, 이것을 40분만 하는 것이다. 사실 고등학교의 50분 수업 시간은 집중하는 학생들에게는 충분히 견뎌낼 수 있는 시간이지만 그렇지 않은 학생들에게는 매우 지루하고도 아주 긴 시간이다. 만약 학생들 대부분이 지루함을 느끼는 수업이라면 가르치는 교사에게도 정말 힘들고 탈출하고 싶은 시간이 아닐 수 없기 때문이다. 나는 과감하게 10분의 시간을 남겨두고, 이를 적극 활용하기로 했다. 그 시간에는 내가 읽었던 소설 속 여러 이야기를 해주면서 사람 사는 이야기를 하는 것이었다. 어머니로부터 여자라는 이유로 차별을 받았던 박완서의 소설을 소개하면서는 여성과 남성의 차이에 대한 이야기를 했고, 신문에 연재되던 소설을 읽고 와서는 다양한 군상들이 삶을 대하고 살아가는 방식에 대해 이야기했다.

다른 하나는 수업 시간에 가르치고 배운 내용에서만 시험 문제를 출제하겠다는 약속이었다. 별도의 예습이나 복습 없이도 수업 시간에만 집중한다면 모두 좋은 점수를 받을 수 있도록 하는 것이었다. 학생들의 반응은 즉각적이고도 폭발적이었다. 그렇게 수업을 시도한 지 2~3주의 시간이 흐르자, 학생들 사이에 입소문이 퍼졌고 학생들은 물리 시간을 가장 기다리는 시간이라고 말했다. 물리 공부를 위해서 기다렸던 것이 아니라 소설 속에 등장하는 사람들의 스토리를 듣고 싶었기 때문이었다. 그러던 중 중간고사 기간이 도래했다. 약속대로 수업 시간에 가르치고 배운 내용에서만 시험 문제를 제출했고, 학생들의 평균 점수는 놀랍게도 80점에 육박

했다. 곧바로 교감 선생님의 호출이 있었다. "학생들 평균 성적이 이리 높은 것은 조 선생님이 잘 가르친 결과입니까? 아니면 다른 비법이 있는 겁니까?" 놀람과 꾸중을 뒤섞은 교감 선생님의 말씀에는 애정이 듬뿍 담겨 있었다.

"학생들이 한 번쯤 물리 성적을 잘 받아보아야 물리 공부를 하고 싶다는 생각 혹은 물리 공부를 계속 해도 되겠다는 생각이 들 것 같았어요, 교감 선생님". 그 당시 물리 성적을 높게 받아서 물리학을 계속 공부하게 되었다는 학생의 소식을 아직 들어보지는 못했다. 하지만, 그 학교의 그 시절이 아마도 가장 많은 학생들이 가장 높은 물리 점수를 받았을 것이라는 생각은 든다. 그리고 그때의 경험이 인생을 살아가는 데 분명 긍정적으로 작용했을 것이라고도 믿는다.

긍정적이고 성공적인 경험은 사람을 놀랍게 변모시킨다. 칭찬은 고래도 춤추게 한다는 말처럼 아주 사소한 칭찬이라도 사람들은 칭찬을 들으면 내재 된 잠재력을 실현할 수 있는 힘을 얻게 된다. 하지만 요즈음 우리 사회에서는 긍정적이면서 성공적인 경험을 쌓아가기가 점점 어려워지고 있다. 서로에 대한 칭찬에도 매우 인색해지고 있다. 세상은 더욱 불확실하고 불안전하며 예측 불가능해짐에 따라 실패의 가능성이 더 커졌는데, 긍정적이고 성공적인 경험의 기회, 칭찬받을 기회가 줄어드는 것이다. 그렇다면, 과연 우리의 학생들에게 필요한 역량은 무엇이고, 또 그것은 어떻게 키워줄 수 있는가?

지난해 전남교육청과 한국에너지공과대학이 함께 추진한 '미래세대 교사 연수'는 바로 이러한 문제 의식으로 출발했다. 불확실한 VUCA(volatility, uncertainty, complexity, and ambiguity) 시대를 맞이하여 학생들에게 필요한 역량 4C—즉, 비판적 사고(Critical Thinking), 창의적 사고(Creative Thinking), 소통(Communication), 협력(Collaboration)—를 키우기 위해 켄텍이 추진하는 혁신적 교육 방법 및 내용을 중등학교 교사들에게 알리고 그 적용 가능성을 탐색해 보기 위해서다.

교육청 관계자와 대학 교수 그리고 지역사회가 협력하여 교육을 바꾸고 문화를 변화시킴으로써 학생들이 스스로의 잠재력을 발견하면서 실패에 직면하는 회복 탄력성을 키우기 위해 마련된 이 연수에서 필자는 미네르바 교육을 소개했다. '켄텍-미네르바' 교육은 미국 하버드대학교보다 입학하기가 더 어렵다고 알려진 미네르바대학교의 교육 방식을 켄텍이 국내 최초로 도입하여 콘텐츠와 교육 방식 등을 현지화하면서 성공적으로 안착시켜 온 새로운 교육 방식이다.

켄텍-미네르바 교육의 특징은 인터랙티브 온라인 기술을 활용하는 에듀텍의 한 방식이라는 점, 그리고 학생들이 사전에 공부한 내용을 토대로 토론식으로 진행되는 수업이라는 점이다. 교수의 역할은 지식과 정보를 전달하는 것이 아니라 학생들의 대화와 토론을 유도함으로써 학생들 스스로가 질문과 반응을 통해 정해진 주제의 내용을 이해하도록 유도하는 데 있다. 학생들은 수업 시간

사진 17 켄텍-미네르바 강좌

중에 일정한 시간 동안 어떤 형태로든 자신의 의견을 표현하게 돼 있으며, 7개의 이모티콘을 활용하여 다른 학생들의 의견에 반드시 반응하게 되어 있다.

이는 기존의 토론식 수업이 흔히 주도하는 학생들 중심으로 이루어지는 것과는 확실히 구별되는 것이며, 특히 자신의 생각을 잘 표현하지 못하거나 서투른 학생들도 반드시 참여하게 한다는 점 그리고 동시에 그러한 학생들의 서투름을 나머지 학생들이 귀 기울이며 기다려 주어야 한다는 점에서 진정한 토론식 수업이다. 즉,

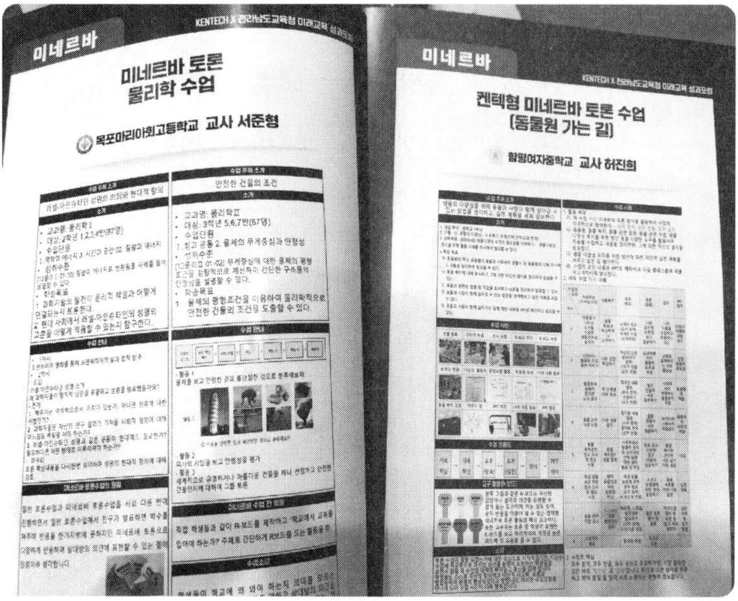

사진 18 켄텍-미네르바 초중등 적용사례

켄텍-미네르바 수업은 학생들이 자신만의 이야기로 참여하는 경험, 다른 사람들에게 자신만의 이야기를 전해보는 경험 그리고 자신의 이야기에 다른 학생들이 보여준 반응을 직접 체험하는 경험을 통해 스스로 자신감을 얻게 하는 교육 방식이다.

개교와 함께 짧은 기간이지만 4개 교과목(과학적 학습법과 리더십/ 창의적 사고와 비판적 사고/ 시스템과 사회/ 문학과 해석 및 커뮤니케이션)이 성공적으로 추진돼온 켄텍-미네르바 교육은 이미 국제적으로도 크게 인정받았다. 작년에는 세계적인 교육자, 공학자, 기업대표들이 참여하는 〈홍콩 에스페란자 에듀텍 포럼〉에 스탠포드대학교와 나란히 초청되어 켄텍-미네르바 교육의 성공 경험을 공유하였고, 미네르바 포럼으로부터 전 세계 수십 개의 파트너들 중 최우수 파트너로 선정되어 특별상도 수상했다. 요즘에도 국내 유수 대학들은 미네르바 교육을 벤치마크하기 위해 켄텍을 방문하고 있다.

작년에 이어 올해도 전남교육청은 켄텍과 함께 제2차 〈미래세대 교사 연수〉를 준비 중에 있다. 이번에는 초등학교 교사들을 대상으로 초등 현장에 적용 가능성을 모색할 예정이다. 이 2차 연수에는 작년에 참여했던 중등교사들이 선도 교사로 참여할 예정인데, 몇 분의 고등학교 교사들은 미네르바 교육을 고등학교 과학교육에 성공적으로 적용한 사례를 공유하며 그 확장 가능성을 탐색할 것이다. 벌써 교사들의 열기가 뜨겁다. 2024년 올해의 성과가 더해진다면 머지않아 전남에서 시작된 켄텍-미네르바 교육이 대한민국 교육 혁신의 새로운 모델로 확산될 수 있을 것이다.

5

포르투칼의 미스터 3% 장관

십여 년 전에 우연히 보았던 영화 《리스본행 야간열차》는 아직도 깊은 여운으로 남아있다. "역사는 아주 사소한 일에서 시작된다"라는 글귀의 첫 장면은 영화를 보는 내내 필자를 사로잡았다. 과학사학자는 과학의 역사에서 일어났던 발견과 사건이 어떻게 일어날 수 있었는지를 가장 최신의 사료와 이전의 저작들을 바탕으로 설득력 있고 타당성 있게 설명해 내는 전문가들이다. 이를 위해 보통은 발견을 둘러싼 큰 사건들에 주로 집중하며 그 연관성에 주목하는 경우가 많다. 하지만 이 영화는 커다란 역사적 사건이 의외로 아주 작고 단순한 것으로부터 시작되었다는 말로 시작되는 것이다. 철학 교수로 변신한 제레미 아이언스의 명품 연기가 돋보이던 영화에서는 30년 이상 지속되었던 포르투칼의 독재 시대와 그것을 종식시켰던 1974년 카네이션 혁명(포르투갈어: Revolucao dos Cravos, 별명: 리스본의 봄)이라는 극도의 정치적 혼란기를 살아냈던 3명의 청춘 남녀의 이야기를 그리고 있다. 주인공은 우연히 그들의 과거를 추적하게 되고 세 젊은이의 신념과 사랑 그리고 아주 사소한 선택이 역사를 그리고 그들의 삶을 어떻게 바꾸었는지를 자신의 우연하면서도 사소한 선택과 나란히 그려내고 있다. 마법처럼 이끌려 리스본으로 향하는 주인공처럼 필자의 관심도 자연스럽게 포르투칼로 향했다.

포르투갈은 유럽의 역사에서 그리고 과학기술의 역사에서 중요한 위치를 차지하던 강국이었다. 15~6세기 이른바 대발견이 이루어지던 대항해시대(The Age of Exploration)를 이끌던 포르투갈은 항해술, 지도 제작, 선박 기술, 천문학 등 다양한 과학기술을 발전시켰으며, 이를 통해 해상 무역망을 확장하고 경제적 번영을 이루었다. 아프리카 최남단 희망봉(Cape of Good Hope)을 발견했고 인도 항로 개척의 가능성을 열면서 이들이 이루어 낸 여러 기술적, 경제적 성취는 이후 영국 등 유럽의 해양 강국들의 발전에 큰 영향을 미쳤다. 하지만 20세기 전반기에 들어 포르투갈은 과학기술과 산업에서 서유럽의 최하위 국가로 전락해 버렸다. 오랜 독재 정권이 들어서면서 산업화보다는 농업 중심의 자급자족 경제를 강조했고 식민지를 유지하기 위한 군사기술에는 집중했지만 과학기술 연구와 교육 및 산업 발전에는 소홀했던 것이다.

포루투칼이 처한 이 열악한 상황에서 포르투칼의 과학계를 다시 일으켜 세운 인물이 있다. 과학기술 연구에 대한 정부의 투자를 확대하고, 국가 연구 기관과 대학을 개혁하면서, 학문의 자유를 보장하고 기초과학 및 응용과학 연구를 활성화시킨 그는 바로 조제 마리아노 가고(José Mariano Gago)다. 리스본대학교에서 전기공학을 공부하고 파리 에콜 폴리테크닉과 피에르마리퀴리대학교에서 입자 물리학 박사 학위를 취득한 과학자인 그는 박사 학위 이후 유럽 가속기 연구소(CERN)에서 연구원으로 일했다. 그러다가 민주화된 고국으로 돌아와 리스본대학교 교수로 재직하면서 1976년 이후 13년 동안 그리고 1995년부터 2002년까지 두 번이나 과학기술부 장관을 비롯한 정부 관료로 일했다. 그의 강력하고 부드러운 리더쉽 아래 포르투갈은 다시 과학에서의 교육과 연구의 중요성을 강조하면서 과학 인프라를 현대화하고, 과학기술과 혁신에 대한 연구개발 투자를 증대했다. 그는 당시 포르투갈의 연구개발 투자 비율이 유럽연합 평균보다 훨씬 낮은 사실을 지적하면서 국가 GDP의 3%를 R&D 예산으로 배정할 것을 강력하게 주장하면서 정치인들을 설득했다. 그가 재임하는 25년 동안 포르투갈의 이학 박사 학위 소지자의 수는 8배나 증가했다. 비록 3%의 목표는 자신의 재직기간에 달성하지 못했지만 그의 노력 덕분에 포르투갈의 과학 연구는 크게 활성화되었고 국제적인 위상은 급상승했다. 이 때문에 사람들은 그에게 3% 장관이라는 닉네임을 붙이게 되었다.

그가 포르투갈의 과학 재건 운동에서 중요하게 생각했던 또 다른 축은 바로 과학 교육을 통한 시민 참여 운동, 과학문화 확산을 위한 사회 운동인 시엥시아 비바(Ciência Viva: 살아있는 과학)였다. 그는 "우리 세대의 유산은 연구와 기술이 대중에게 더 쉽게 접근하고 이해할 수 있도록 큰 진전을 이루었다는 것입니다. 일반 시민의 기본적인 기술 지식이 없었다면 현재의 기술 발전은 생각할 수 없었을 것입니다."라면서 포르투갈 전역에 살아있는 아카이브를 만들어야 한다고 주장했다. 다른 분야에서처럼 과학과 기술에 대한 기억도 보존하면서 앞으로 20년 후 미래에 우리가 어디에 있을지를 가늠해 볼 수 있는 공간을 전국에 만들어야 한다는 것이 었다. 이에 따라 설립된 시엥시아 비바 프로그램은 재단으로 확대되었으며 리스본 지식의 전당(Pavilhão do Conhecimento)을 비롯하여 21개의 과학관(Science Center)이 운영 중이다. 지역의 과학관들은 지방정부, 기업, 각급 학교, 대학, 연구 기관 등과 협력하여 일반시민과 청소년을 위한 다양한 과학 프로그램을 운영하고 있다. 특히 여기서 눈여겨볼 점은 지역의 과학관이 새롭게 건물을 짓고 들어선 것이 아니라 지역에 남아있는 역사적 건축물을 복원하여 사용하고 있다는 점이다. 예를 들어 에스트레모즈(Estremoz)에서는 수도원을, 타비라(Tavira)에서는 오래된 교회를, 아베이루(Aveiro)에서는 사용하지 않는 공장을, 심지어 빌라 두 콘데(Vila do Conde)에서는 감옥을 과학관으로 개조하여 활용하고 있다는 점이다. 과거의 기억이 서린 공간에서 현재와 미래의 과학을 탐구하는 것은 아주 독특하고 즐거운 경험이 아닐 수 없을 것이다.

시엥시아 비바의 대표적인 프로그램으로는 〈시엥시아 비바 클럽〉이 있다. 이 클럽은 우리나라 〈생활과학교실〉이나 〈청소년과학탐구반〉 사업처럼 각급 학교 내 개방된 공간에서 운영되는데, 프로그램 운영에 대학과 연구소, 박물관, 과학관, 기업, 협회,

NGO 등이 강력한 파트너십을 구축한다는 특징이 있다. 또한 학교가 아닌 공간에서 이루어지는 경우에는 다양한 산업 분야와 연계되는데, 예를 들면 〈농업과 과학의 만남(Quinta Ciência Viva)〉 프로그램 하에 운영 중인 과학 체험 농장은 청소년들에게 아주 많은 인기를 끌고 있다. 예를 들어 〈체리와 아이디어 과학 농장〉, 〈배 과학 농장〉, 〈소금 과학 농장〉, 〈올리브와 올리브 오일 과학 농장〉들은 지역 특산물을 중심으로 운영되는 과학 체험 교실로, 미래의 청년 창업가들에게 영감을 주면서 지역 경제와 과학 커뮤니티를 연결하는 플랫폼 역할을 톡톡히 하고 있다.

"과학은 사람들의 것이어야 한다", "교사들과 협력하자. 연구실의 문을 열어 사람들이 과학자들과 직접 만나게 하자. 과학을 사람들에게 가져가고, 사람들을 과학으로 이끌자"라던 조제 마리아노 가고는 2015년 세상을 떠났지만 아직도 많은 사람들이 그를 추모하고 있다. 과학자, 정책 결정자, 교수, 동료로서 그가 많은 이들에게 영감을 주었기 때문이며, 특히 그가 열었던 과학 교육을 받은 "시엔시아 비바 세대"라는 새로운 세대가 등장했기 때문이다. 그들이 현재의 포르투갈의 과학혁신을 주도하고 있으며, 그들은 또다시 미래세대를 키우고 있다. 역사는 미래와 계속 연결되고 있는 것이다.

6

프랑스 과학의 힘: 라망알라파뜨

향수와 패션, 퐁네프 다리와 에펠탑으로 유명한 프랑스는 사실 현대사회를 형성하고 이끌어 온 과학기술 강국이다. 화려하고 철없던 왕비 마리 앙투아네트가 단두대의 이슬로 사라지던 18세기 프랑스는 세금 징수원 일을 하던 라브와지에가 자신의 집에 실험실을 만들어 연구하면서 기체 '산소'를 발견한 때이기도 하다. 프랑스 대혁명이라는 정치적 격동기였지만 명실공히 유럽의 과학과 학문의 중심지였다. 1666년 태양왕 루이 14세는 재상 콜베르의 제언을 받아들여 '왕립과학아카데미'(Royal Academie des Sciences)를 설립하고, 6년 전에 출발한 영국의 '왕립학회(Royal Society)'가 과학에 관심이 있고 일정 금액의 회비를 낼 수 있는 모든 사람들에게 회원제를 오픈했던 것과 달리 유럽의 가장 뛰어난 소수 정예 과학자들을 모아 지원하면서 국가 차원의 대규모 연구를 수행하도록 의뢰했다.

강력한 국가의 후원하에 과학연구는 눈부신 성과들을 만들어냈고, 그 중 하나가 바로 오늘날 전 세계인이 사용하는 미터법의 제정이다. 지역마다 도량형이 달라 고통을 겪는 농민들을 위한 정치적 의도에서 시작되었던 길이의 표준단위가 영국식의 피트가 아니라 미터가 된 것은 당시 과학아카데미가 최고의 천문학자 들랑브르(Jean-Baptiste-Joseph Delambre)와 메셍(Pierre-Francois-Andre Mechain)에게 지구 자오선을 측정하는 대규모 탐사 원정을 의뢰한 덕분이었다. 누구에게나 동일하게 적용되는 길이의 표준인 1미터는 1791년에 파리를 지나는 북극과 적도를 이은 지구 자오선의 1/10,000,000 로 정해지게 되었다.

이러한 프랑스의 과학연구 전통은 새롭게 출발한 군사학교 에콜 폴리테크닉(École Polytechnique)을 통해 고등 과학교육으로 제도화되었고, '과학자', '엔지니어'라는 새로운 전문직업(profession)을 탄생시켰다. 1794년에 개교한 이 대학은 당대 최고의 과학자들인 몽쥬, 아라고, 앙페어 등이 주도하였고, 나폴레옹 시대에는 엔지니어와 과학자 그리고 장교를 양성하는 국가 훈련소로 재편되었다가, 현재는 프랑스 국방부 소속의 공립대학교로 자리잡았다. 오늘날 세계 최고의 이공계 엘리트 대학 중 하나로 손꼽히는 이곳에서는 수학과 물리학 등 최고급 기초교육과 함께 기계공학과 전기공학 등의 분야에서 혁신적인 연구가 수행되고 있으며, 노벨 과학상 수상자와 필즈상 수상자가 다수 배출되었다. 7년 전 〈세계의 도시, 과학을 만나다〉 TV 다큐멘터리 촬영차 만났던 자크 비오 당시 대학 총장은 학교에 대한 자부심이 대단했다. 그는 특히 사회

리더가 될 학생들에게 다학제적 접근(interdisciplinary)을 통해 철학과 경제학, 역사학 등 인문학 교육을 실시한다고 강조하면서 세부 지식보다는 사고하는 힘을 키워주고 있다고 했다. 이 때문에 졸업생들이 이공계는 물론이고 여러 분야에서 눈부신 활동을 한다면서 2014년에 경제학에 '게임이론'을 적용하고 독과점 기업에 대한 규제 방안을 연구한 공로로 노벨경제학상을 수상한 장 티롤과 EU(유럽연합)의 초석을 놓았으며 프랑스 대통령을 역임한 발레리 지스카르 데스탱, 루이비통 창립자이자 루이비통모에헤네시(LVMH) 최고경영자로 일론 머스크를 제치고 세계 최고의 갑부로 등극한 버나드 아놀드를 소개했다.

전통과 명예를 자랑하는 이 프랑스 최고의 두 과학 연구와 교육기관이 1996년에 폴란드 출신으로 나치 수감을 당했던 노벨 물리학상 수상자 조르주 샤르팍(Georges Charpak, 1924 ~ 2010, 1992년 다중선 비례 검출기를 개발한 공로로 노벨 물리학상 수상)을 만나면서 유초등 과학교육을 대대적으로 개혁하는 라망알라빠트 (La Main a la Pate) 운동에 참여하게 되었다. '빵을 만드는 밀가루 반죽'처럼 손으로 직접 만들어 보고 실험하면서 과학의 개념을 이해하고 생활 속에서 실천하자는 이 운동은 조르주 샤르팍이 과학아카데미 동료 과학자들 및 프랑스 교육부 공무원들과 함께 시카고로 연구 여행을 다녀와서 시작했다. 그는 미국에서 저소득층 자녀를 대상으로 이루어지는 핸즈온 과학교육에 크게 감명을 받아 프랑스 버전의 체험형 과학교육 프로그램인 라망알라빠뜨를 시작하게 된 것이다. 이 운동의 목표는 학생들의 과학적 탐구를 장려하고, 실험 과정을 통해 비판적 사고력을 키우며, 학생과 학생, 학생과 교사의 협력 학습을 촉진하기 위해 교사의 역량을 강화하는 것이다. 현재 이 운동은 라망알라빠트재단을 중심으로 운영되고 있으며, 프랑스 초등학교 과학 교사 30% 이상이 참여하며 국제적으로 널리 확산되고 있다. 중국과 세네갈 등 아시아와 아프리카 여러 국가에서는 해마다 수십 명의 교사들을 프랑스로 보내 교사 연수를 받으며 탐구 중심(Inquiry Based learning)의 과학교육을 전수받고 있다.

라망알라빠뜨가 여러 국가에서 이루어지는 체험형 과학교육과 차별화되는 점은 크게 세 가지 다. 하나는 교육 컨텐츠에서의 차별화다. 아리스토텔레스와 갈릴레오의 자유 낙하 실험, 토리첼리의 기압 실험, 파스칼의 기압변화 실험, 프랭클린의 번개와 전기의 관계를 보여주는 연 실험, 패러데이의 전자기 유도 실험, 멘델의 유전 실험 등 과학의 역사에서 놀라운 발견으로 이어졌던 유명한 실험들을 주요 콘텐츠로 활용한다는 것이다. 이 유명한 실험들을 간단한 형태의 실험 교육 키트로 특별 제작하여 학생들로 하여금 실제로 동일한 실험을 해보게 한다는 특징이 있다. 이러한 경험을 통해 과학적 발견이라는 것이 한순간에 이루어진 것이 아니라 수많은 실험과 논쟁을 거쳐 발전한다는 것 그리고 과학자들이 정답을 찾는 사람이 아니라, 끊임없이 질문을 던지는 도전적인 사람이라는 것을 이해하면서 자연스럽게 과학에의 관심을 유도한다.

두 번째로는 교육 컨텐츠 개발과 실행을 위해 에콜 폴리 테크닉과 협력한다는 것이다. 최고의 대학 교수진과 연구진은 물리학, 화학, 생물학, 수학 등의 과학적 개념을 초·중등 교육 과정에서 쉽게 가르칠 수 있도록 교육 모델을 개발하고, 이를 다양한 학습 자료로 제공한다. 뿐만 아니라 학부 대학생들은 사회 봉사의 일환으로 유초등 학생들의 실험 멘토로 참여하여 과학실험 교육을 진행한다. 이웃집의 형이나 누나 같은 20대의 청년들이 어린이들의 실험활동을 이끄는 유초년 STEM 캠프는 커다란 인기를 끌고 있다. 세 번째 특징은 현장의 교사를 지원하는 시스템과 노력이 남다르다는 것이다. 개발된 프로그램이 학교 현장에 적용되기 위해서는 학교 교사들의 인식변화와 역량 강화가 매우 중요하다. 또한 교사들이 수업에서 직면하게 되는 어려움들을 제거해 주는 것이 중요하다. 이를 위해 라망알라빠뜨는 다양한 교사 연수 프로그램을 운영하고 있으며, 보조 프로그램과 함께 교사들 간의 협력 네트워크를 제공한다. 현재 프랑스 전역에는 20여 개의 지역별 '파일럿 센터'가 구축되어 각 지역의 특성에 맞는 연수 프로그램 개발과 교사 연수가 운영되고 있다.

2010년 세상을 떠난 조르쥬 샤르팍에 대해 유네스코는 샤르팍의 교육모델 개발과 및 확산 그리고 과학자와 교사들의 적극적인 지원 덕분에 체험형 과학실험 운동이 멕시코와 브라질, 칠레 및 중국 등 많은 개도국에서 일어나게 되었다며 그 성과를 추모했다. 다음 해인 2011년 라망알라빠뜨는 프랑스 교육부가 지원하는 공공재단으로 공식화되고 확대되었다. 17세기에 강력한 국가 주도로 시작되었던 엘리트 중심 프랑스 과학은 20세기에 한 이방인 과학자의 열정과 노력 덕분에 성공적인 프로그램으로 자리를 잡았고 프랑스는 물론 전 세계의 선도적인 청소년 과학교육과 과학문화 운동으로 확산되고 있다. 오늘날까지 유지되는 프랑스 과학의 힘, 그것은 과학에서의 좋은 의도와 열정이 사회 전체로 퍼져나갈 수 있도록 과학계와 현장의 교사들 그리고 정부가 함께 협력한다는 것이고, 나아가 그들이 미래세대를 위해 함께 고민한다는 것이다.

7

노벨상도 좋은 만남에서 시작되었다

우리는 살면서 수없이 많은 사람과 만나고 또 사건을 접하게 된다. 누구를 만나느냐에 따라 또 어떤 사건과 직면하느냐에 따라 인생의 새로운 전환점을 맞이한다. 요즘 세대에게는 다소 낯선 말이겠지만 〈맹모삼천지교〉는 말은 바로 만남의 중요성을 강조하고 있다. 맹자의 어머니가 아들을 데리고 세 번이나 이사를 다닌 이유는 공간을 바꾸면 만나는 사람이 달라지고, 만나는 사람이 달라지면 아이의 인생이 달라진다는 믿음에서 출발했다. 요즘과 달리 결혼이 필수인 시대에는 결혼을 통한 배우자와의 만남이야말로 인생의 경로를 바꿀 수 있는 가장 결정적인 계기였다.

2500년 과학의 역사도 사실 자세히 들여다보면 만남의 역사다. 사람과 사람의 만남이고 사람과 시대의 만남이며 사건과 사건의 만남이다. 누구를 스승으로 만나느냐에 따라서 또 어떤 학문적 공간에 놓여있느냐에 따라서 잠재력을 발현하고 성장하면서 눈부신 성과를 만들어 내기 때문이다. 20대 초반의 하이젠베르크는 "산책에서 돌아오는 길에 나는 코펜하겐으로 한번 방문해 달라는 초청을 받게 되자 새로운 희망에 한껏 부풀어 올랐다. 그를 숙소까지 모셔다 주고 돌아오면서 벌써 나는 빛나는 미래를 마음속에 그리고 있었던 것이다."라고 자신의 저서 〈부분과 전체〉에서 쓰고 있다. 이제 막 물리학 공부를 시작한 청년이 당대 최고의 물리학자인 닐스 보어를 처음 만날 날 기록한 글이다.

당시는 〈현대물리학을 알고 싶거든 괴팅겐행 기차를 타라〉는 말이 있을 정도로 괴팅겐대학교는 물리학의 메카였다. 그곳에서는 이른바 "보어 축제"라 불리는 시리즈 강연회를 개최했는데, 닐스 보어가 노벨물리학상을 수상하게 되는 1922년에 하이젠베르크는 스승 좀머펠트의 배려로 괴팅겐대학 강연회에 참석하게 되었다. 보어의 강연을 듣던 하이젠베르크는 손을 들어 질문을 하게 되었고, 질문에 잘 대답하지 못하던 닐스 보어는 오후에 호텔로 찾아오라며 강연을 마감했다. 그렇게 처음 만나게 된 두 사람은 호텔 근처로 가벼운 산책을 나섰고, 왜 물리학을 공부해야 하는지에 대한 질문을 주고받은 후 헤어졌던 것이다. 그런데 그날의 만남을 계기로 하이젠베르크는 벌써 자신의 빛나는 미래를 마음속에 그리고 있었고, 실제로 보어를 찾아가게 되었다. 이후 두 과학자는 20년이라는 시간 동안 때로는 스승과 제자처럼, 때로는 다정한 아버지와 아들처럼, 또 때로는 절친한 동료처럼 수없이 만나고 교류하면서 많은 대화와 논쟁을 이어갔다. 독일의 여러 지역을 도보여행하거나 야외캠프 여행을 함께하기도 하였고 때론 코펜하겐의 보어의 집에 머물기도 하였다. 이렇게 두 사람은 물리학적이고 철학적인 논쟁을 이어갔으며 현대물리학의 중요한 틀을 완성해갔다. 하이젠베르크는 1932년 노벨물리학상을 수상했다.

이처럼 첫 만남을 통해 공동연구자를 찾아내고, 오랫동안 함께 논의하면서 노벨과학상을 수상하게 된 사례는 과학사에서 심심치 않게 등장한다. 1962년 노벨 생리의학상을 공동으로 수상하며 분자생물학이라는 새로운 분야를 개척했던 제임스 왓슨은 "나는 이곳을 쉽게 떠나지 않으리라고 내심 다짐했다. 프랜시스 크릭과는 몇 마디 나눠 보지도 않았는데 이내 말이 통하는 사이가 되었다. 페루츠의 실험실에서 DNA가 단백질보다 더 중요하다는 것을 아는 사람과 만나다니! 시작부터 기분이 좋았다" 라고 자신의 저서 〈이중나선〉에서 기록하고 있다. 미국에서 동물학 박사학위를 받고 1951년 케임브리지대학교 캐번디시 연구소로 옮겨와 있던 왓슨은 그 해 크릭을 처음 만났다. 그와 단 몇 마디 대화를 나누어 본 그는 공동연구의 적임자를 첫눈에 알아보았던 것이다. 이후 두 사람은 캐번디시 연구소 앞에 위치한 펍 "이글"의 단골이 되어 거의 매일 대화와 토론을 이어갔다. 이 장소가 그들에게 얼마나 중요했는지 나중에 이곳은 이들이 노벨상 수상 기자간담회를 개최한 곳이었다. 두 사람은 런던대학교 킹스칼리지의 윌킨스와 경쟁하면서 또 협력하기도 하고, 그곳의 로잘린드 프랭클린의 X-선 회절 사진을 두고 해석하는 등 많은 대화를 이어갔다. 마침내 이중나선 구조를 가진 DNA 모형을 만들어, 이를 1953년 〈네이쳐〉지에 게재했다. 미국에 있던 라이너스 폴링과의 경쟁에서 뒤쳐지면 안된다는 긴박감 속에서 서로를 격려하며 이룬 연구 성과로 노벨 생리의학상을 공동 수상했다.

첫눈에 공동연구자를 제대로 알아본다는 것은 흥미롭게도 올해 노벨과학상 수상자들 중에도 있다. 바로 m-RNA 연구로 코로나-19에 대응하는 백신 개발에 기여한 공로로 노벨생리학상을 공동 수상한 커털린 커리코 미국 펜실베이니아대 특임교수 겸 독일 바이온텍 수석부사장과 공동수상자인 드루 와이즈먼 펜실베이니아대 교수의 경우다. “저희는 좀 재밌게 만났습니다. 1990년대 펜실베이니아대학교 복사기 앞에는 논문을 복사하려는 사람들로 항상 긴 줄이 서 있었지요. 기다리는 동안 우리는 자연스럽게 이야기를 나누게 되었고 서로의 연구 분야를 소개하게 되었지요. 저는 RNA 분야를 연구하고 있었고, 와이스만은 면역학에 대해 공부하고 있었지요.” 이렇게 처음 만나게 된 두 사람은 그 후 20년 동안 공동 실험을 수행하고 실험 데이터를 해석하는 일로 늦은 저녁은 물론이고 새벽 2, 3시까지 이메일과 전화를 주고받았다고 한다.

사실 하이젠베르크와 보어, 왓슨과 크릭 그리고 커린코와 와이스만은 국적도 다르고 성격도 아주 많이 다르다. 실제로 카리코는 동료 연구자인 와이즈먼을 바라보며 “모든 사람들이 다 알아요. 우리가 얼마나 서로 다른 성격의 사람인지를. 저는 말도 많고 화도 잘 내지만, 와이즈먼은 뭐랄까 더 과학적이죠. 와이즈먼이 A에서 B까지 직선으로 가는 사람이라면 저는 지그재그로 왔다 갔다 하

사진 19 2023년 노벨생리의학상 공동 수장자들

는 사람이지요."라고 말한다. 그렇다면 이런 차이점에도 불구하고 이들이 성공적으로 오랫동안 공동연구를 수행하고 노벨과학상이라는 영예를 누리게 된 비결은 무엇일까?

와이즈먼은 그 비결을 '열린 태도'라고 말한다. 또 다른 많은 노벨과학상 수상자들은 과학적 실험연구를 통해 얻고자 하는 공통의 목표에 더해 '인내와 끈기', '호기심과 궁금증', '커뮤니케이션과 소통', '상대방의 입장 이해하기' 등이 중요하게 작용했다고 말하고 있다. 첫 만남을 지속적인 공동연구 관계로 만들어 가기 위한 인간적인 노력들이 중요했다는 말이다.

올해도 스톡홀름에는 12월 10일에 개최되는 노벨상 시상식을 보기 위해 벌써 수 많은 사람들이 모여들고 있다. 인류 창의성의 상징인 노벨상 수상자들을 축하하며 그 가치와 정신을 널리 기리는 노벨 축제도 한참 준비 중이다. 2001년 노벨상 제정 100주년 특별전의 주제가 제시하는 것처럼 창조성의 문화는 개인의 몫이자 공통체의 몫이기도 하다. 어떤 환경 속에서 누구를 만나느냐라는 '만남'은 정말 중요하다. 하지만 이러한 만남 못지 않게 중요한 것은 서로가 서로를 알아볼 수 있는 안목과 만남을 지속가능하게 만드는 노력이다.

8

과학 자본(Science Capital)을 키우는 방법

하얀 눈과 촉촉한 비가 교차로 내리며 새봄을 재촉하고 있다. 초등학교를 졸업한 꼬맹이들은 사춘기의 중학생이 될 것이고, 고등학생들은 이제 대학생이 되어 완전히 달라진 환경에서 새로운 친구들을 만날 것이다. 다른 대학교에 비해 조금 이른 입학식을 치루면서 올해는 어떤 신입생들을 만나게 될까? 또 그들은 어떤 근사한 꿈을 안고 대학에 들어왔을 지가 무척 궁금했다. 그러던 중 이른 봄에 만났던 두 가지 만남이 특별히 생각이 났다.

2001년 국내에서 처음으로 과학박물관을 주제로 박사 논문을 마무리한 이후 필자의 관심은 줄곧 과학박물관이었다. 국내에 제대로된 과학박물관이 2013년 새로 개관하게 될 국립광주과학관의 전시본부장이 되었다. 이론적인 연구를 실행으로 옮겨볼 수 있는 최적의 기회였기 때문에, 전시와 교육 프로그램을 새롭게 기획하는 일에 열정을 쏟았다. 그러던 어느 날 사무실로 걸려 온 한 통의 전화를 받았다. 광주광역시 시각장애인연합회의 회장이라는 그 분은 광주MBC 라디오에서 방영되던 〈과학과 인문학의 만남〉을 애청하고 있으며 어려운 부탁이 하나 있다는 말씀을 꺼내셨다. 시각장애인들을 대상으로 라디오 방송에서처럼 과학 특강을 해달라는 것이었다.

나는 기꺼이 그렇게 하겠노라며 대답을 했다. 하지만 정작 강의 날이 다가오자 걱정이 앞서기 시작했다. 보통 때 사용하던 많은 시각 자료들을 사용하지 않으면서, 그리고 진행자와의 대담 형식이 아닌 상태에서 과학 이야기를 잘 전달할 수 있을지 고민이 되었다. 강연장에 들어서자 그 동안의 걱정은 걱정도 아니었다. 강연장을 가득 메운 청중들은 시각장애 청소년들이 아니라 나이가 지긋한 중장년분들이 대부분이었다. 순간 머릿속이 복잡해지면서 등에서는 땀이 흘렀다. 나도 모르게 "안녕하세요? 여러분 제 얼굴 예쁘죠?"라며 이야기를 시작했다. 그러자 청중들은 "이뻐요"라며 박수를 쳐주었다. 시각 대신 청각으로 보다 많은 정보를 습득하고 이해하는 그분들에게 그날 강연이 어떻게 받아들여졌는지는 잘 모르겠다. 하지만 분명하게 느낄 수 있었던 것은 그분들이 아주 열심히 그리고 즐겁게 강연을 듣고 있었다는 것이다.

그로부터 몇 년 후 나는 또 한 통의 전화를 받았다. 몇 일 후 멀리서 버스를 타고 과학관의 1층 카페로 찾아온 한 소녀를 만나게 되었다. 두꺼운 안경을 낀 소녀는 수줍은 듯이 〈세계의 과학관〉이라는 책을 내밀며 싸인을 부탁했다. 〈세계의 과학관〉은 런던, 파리, 프라하, 피렌체, 도쿄 등 세계적으로 유명한 명품 도시 9개를 선정하여, 그곳에서 살다 간 과학자들의 흔적과 과학의 기억을 추적하는 여행 컨셉의 책으로 우수과학도서로 선정된 책이었다.

중학교 1학년때 필자를 찾아와 과학자기 되기 위해 무엇을 준비해야 하는지를 물었던 소녀가 몇년 뒤 한국에너지공과대 신입생이 돼 찾아왔다. 과학 멘토링으로 대중들에게 과학을 전달하고 청소년들을 이공계로 진출하도록 안내하는 과학커뮤니케이션의 대표적 사례로 여긴다. 소녀는 장차 과학자가 되고 싶다는 포부를 밝히며 과학자가 되기 위해서는 무엇을 준비해야 하고 또 고등학교에서는 무엇을 공부해야 하는 지 등등을 차분하게 물었다. 두 시간이 어찌 지나는 줄도 모르고 우리는 대화에 푹 빠져들었던 것 같다.

역시 나는 그때 우리가 무슨 대화를 나누었는지 잘 기억나지 않는다. 하지만 무언가 원하는 것이 있다면 그것을 향해 정진할 수 있는 용기, 힘들지만 견뎌낼 수 있는 끈기가 중요하다고 말했던 것 같다. 사실상 과학의 역사에 그 이름을 남긴 과학자들 대부분은 천재로 태어났다기 보다는 묵묵히 자기 길을 걸어가는 용기와 끈기를 발휘한 덕분이기 때문이다.

그런데 기적같은 일이 일어났다. 중학교 1학년 때 딱 한번 만났던 그 소녀가 다시 나를 찾은 것이다. 과학자가 되겠다는 꿈을 향해 정진해 온 소녀는 근사한 청년으로 성장하였고, 켄텍의 입학식에 신입생으로 당당히 서 있었다. 정말 말로 표현할 수 없이 기쁘고 반가웠다. 그동안의 고통스러움이 한순간에 녹는 것 같았고, 나름 인생을 잘 살아온 것 같다는 뿌듯함도 느꼈다. 이처럼 라디오 과학방송으로, 과학 대중강연으로, 그리고 과학 멘토링으로 대중들에게 과학을 전달하고 청소년들을 이공계로 진출하도록 안내하는 활동 등을 총체적으로 과학커뮤니케이션이라고 부른다.

과학과 사회, 과학자와 대중을 연결하는 미디어, 강연, 도서, 과학관, 페스티벌, 토크쇼, 연구실 개방 활동들은 모두 과학커뮤니케이션 활동들이고, 이것의 궁극적 목적은 한 사회의 과학자본(Science Capital)을 키우고 과학문화를 정착시키기 위함이다. 영국에서 시작된 과학자본이라는 개념은 과학문화운동의 새로운 패러다임으로 2020년에 영국 정부가 런던대학교에 의뢰해 연구한 개념이다. 개인이 과학과 기술에 관해 가지는 지식, 태도, 사회적 접촉, 그리고 경험의 총합을 일컫는 말이다.

과학문화를 지식과 정보의 영역으로 한정하지 않고 사회문화적 자산으로 이해하는 과학자본은 사람들이 과학에 대해 긍정적 태도를 갖게 되는 것은 과학 지식에 매료되거나, 과학의 중요성을 인지하기 때문이기도 하지만, 다른 요소들 때문이라고 말한다. 즉, 어렸을 적부터 과학 활동에 얼마나 참여하는가, 주변에서 과학자들을 얼마나 자주 만나고 접촉하는가 그리고 과학과 관련된 책과 영화와 전시와 이벤트에 얼마나 노출되는가에 달려있다는 것이다.

지금 우리는 인공지능, 기후변화, 새로운 질병, 에너지 등 글로벌 시대에 살고 있다. 이 시대를 잘 그리고 지속가능한 방식으로 살아가기 위해서는 우수한 과학기술 인재가 있어야 하고 또 대중

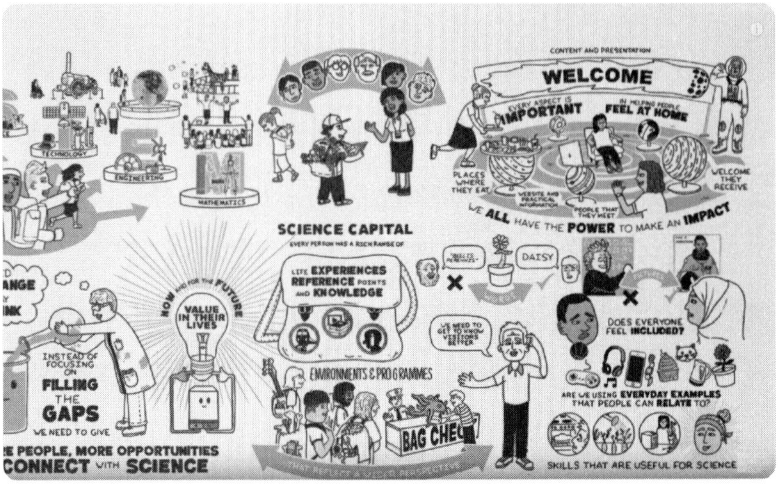

사진 20 과학자본을 설명하는 도표

들의 과학에 대한 태도가 매우 중요하다. 연구개발을 통한 기술적 혁신이 절실한 만큼 정치화되지 않고 합리적인 정부 정책 역시 매우 절실하다. 자연스럽게 과학에 접할 수 있는 기회를 더 자주 그리고 더 쉽게 만듦으로써 과학자본을 확대해야 할 때다. 어렸을 적에 음악회에 가주 가본 경험은 성장해서도 문화적 활동을 소비하는 주체가 되도록 한다는 연구결과는 아주 유명하다. 과학유투버, 과학강연가 등은 대표적인 과학커뮤니케이션 활동가로서, 이들은 과학자본을 확대하기 위한 일을 해오고 있으며, 이러한 노력과 실천은 보다 다양한 전문 분야의 과학자들이, 과학교육자들이 참여함으로써 더욱 활발히 일어나야 할 것이다.

9

시민 과학: 과학을 당신에게(Sci2U)

"보통의 사람들(Ordinary People), 시민 과학자(Citizen Scientist)", 검은색 바탕에 하얀색 글씨로 새겨진 티셔츠를 입은 몇 명의 청년들이 피켓을 들고 서 있었다. 수줍은 듯한 미소를 띠며 한 여학생이 꽃다발을 건네며 자신을 자원봉사 대학생이라고 소개했다. 홍콩에서 대학을 다니는 중이라는 그녀는 과학커뮤니케이션에 관심이 있어 이번에 지원했다며 짧은 인터뷰를 신청했다. 그녀와 이야기를 나누다가 들어보니 자원봉사 대학생들에게는 식사 말고는 아무 것도 제공되지 않는다고 했다. 그들의 안내를 받으며 도착한 행사는 2024 세계과학커뮤니케이션학회(Public Communication of Science & Technology Network)가 주관하는 중국 소주 심포지엄과 연계된 〈사이투유(SCi2U)〉 연례회의였다. 과학을 당신에게 전달한다는 〈사이투유〉는 중국 저장성과학대중화협회가 야심차게 준비한 행사로 올해 주제는 바로 당신같은 보통사람이 과학자가 되는 시대를 이야기하는 것이었다. 생활 속의 작은 과학 실천이 과학에 대한 즐거움을 주고, 과학적 가치를 널리 확산하는 계기가 되며, 대형 과학 연구를 가능하게 할 뿐만 아니라 지속가능한 미래를 위한 일임을 함께 공유하자는 뜻이다. 저장성에 거주하는 보통 사람들부터 학생, 연구자, 직장인들이 모두 참여하는 이 행사에는 지원서를 제출하여 1차 예선을 통과한 후보자들을 대상으로 1박 2일 동안 본선을 치르는 것이다. 〈과학의 꿈〉이라는 주제를 두고 각자가 과학과 연관된 활동의 사례를 소개하는 이 행사의 하이라이트는 단연 최종으로 선발된 7개 팀이었다.

11살의 한 소년은 '리틀 파브르'라는 별명을 갖고 있다면서 수년 동안 집 주변의 곤충을 자세히 관찰하고 이것을 동영상으로 제작하여 30만 명이 넘는 사람들에게 동물에 대한 호기심을 자극했다고 했고, 시골에 살면서 별을 좋아하고 관찰해 온 한 중년의 여성은 32년 동안에 천문우주에 관한 강연을 해오면서 별에 관한 책을 12권이나 집필했다고 했다. 버섯을 연구해 온 한 생명공학자는 곰팡이를 활용하여 생물 자원을 순환하는 방법을 고안했다고 이야기했고, 한 대학생은 버려지는 빨대를 재활용하는 아이디어를 바탕으로 창업을 준비한다고 이야기했다. 그동안 과학 관련 행사나 이벤트들을 꽤 많이 기획하고 직접 참여해 본 경험에 비추어 볼 때 이번 행사가 새삼 신선하게 느껴졌던 이유는 두가지다. 하나는 주제가 〈과학자의 꿈〉이 아니라 〈과학의 꿈〉이었기 때문이며 다른 하나는 참가자들이 초중등 학생, 대학생, 주부, 직장인, 연구자, 과학자들 모두 함께 였다는 것이다.

보통의 사람들이 시민 과학자가 되고 또 시민들이 과학적 연구 활동에도 참여하도록 안내해야 한다는 입장의 〈시민 과학(Citizen Science)〉은 과학문화를 형성하는 중요한 커뮤니케이션의 한 방법이다. 19세기 중반부터 주로 조류 관찰에서 시작된 시민 과학은 2000년대 들어 인터넷과 모바일 기술의 발전과 더불어 빠르게 확산되었다. 환경 분야에서는 생태계를 모니터링하거나 기후 변화 연구에, 천문학 분야에서는 별 관측과 데이터 수집에, 의학 분야에서는 질병 연구 및 예방 활동에 그리고 사회 과학 분야에서는 지역 사회 문제에 대한 수요조사 및 여론 수집에 활용되고 있다. 시민과학의 가장 대표적인 사례는 2002년 시작된 〈이버드(eBird)〉 프로젝트라 할 수 있다. 〈이버드〉는 조류 관찰을 위한 온라인 데이터베이스로 미국에서 조류와 서식지 보존을 전담하는 오듀본 소사이어티(National Audubon Society)와 코넬대학교 조류학 연구소(Cornell Lab of Ornithology)가 공동으로 운영하는 글로벌 시민 과학 프로젝트다. 조류를 사랑하고 관찰하는 전 세계 누구에게나 열려있는 이 플랫폼은 자발적 참여를 통해 새의 종류, 서식지의 특성, 이동 경로, 개체 수의 변화, 특이 행동, 날씨의 영향 등의 다양한 데이터들을 수집하고 기록하고 공유하면서 보존하는 기능을 담당한다.

전 세계에 흩어져 있는 이버더(eBirders)들이 매년 수집하는 데이터는 1억 건 이상에 달한다고 하며 이 방대한 데이터는 과학자들에게는 과학 연구의 방향을 제안하기도 하고, 정책수립자들에게는 보전 계획의 수립이나 새로운 정책 개발의 근거로 작동하고 있다.

시민 과학의 또 다른 성공적인 사례는 천문학 분야의 〈갤럭시 주(Galaxy Zoo)〉 프로젝트다. 2007년에 시작된 이 프로젝트에도 역시 과학 배경이 전혀 없는 사람들부터 전문 천문학자까지 누구나 참여할 수 있다. 프로젝트에 참여하는 시민 과학자들은 강력한 망원경으로 촬영된 수백만 개의 은하 이미지를 보고 그것을 일정 기준에 따라 분류하는 작업에 참여한다. 지금까지 이 프로젝트에 참가한 시민 과학자들은 25만 명이 넘으며, 이들의 열정 덕분에 과학자들은 시간이 오래 걸릴 일을 신속하게 처리할 수가 있었을 뿐만 아니라 새로운 은하 유형과 특이한 천문 현상의 발견하기도 했다. 작고 초록색 완두콩 같은 은하라고 해서 이름 붙여진 '그린 피즈(green peas)'는 2007년에 이 프로젝트에 참여한 시민 과학자들에 의해 처음 발견된 것이다.

천문학, 지구과학, 환경학, 생태학 등 분야에서 시민들의 자발적이면서도 집단적인 참여가 과학 연구에 도움을 주는 사례가 증가하면서 유럽에서는 〈Horizon 2020〉이나 〈사회 속의 과학〉 프로그램의 일환으로 〈유럽 시민 과학〉 프로젝트가 본격적으로 시작되었다. 〈유럽 시민 과학〉의 목표는 프로젝트에 참가하는 시민 과학자, 과학자, 연구자, 정책입안자 그리고 사회 전체가 함께 생산한 과학 지식을 공유하면서 과학이 민주화되도록 하자는 것이다. 〈유럽 시민 과학〉이 표방하는 5C는 첫째, 시민 과학 데이터 및 지식의 생성과 공유(Creating and sharing of citizen science data and knowledge), 둘째, 시민 과학자의 역량개발과 교육훈련(Capacity building and training services), 셋째, 다양한 행위자를 통합하는 공동 플랫폼(Common platform uniting diverse European actors), 넷째, 유럽 정책 수립에 기여(Contributing to European policy making), 다섯째 시민 과학을 통해 오늘날의 사회적 과제를 미래의 기회로 바꾸기(Changing today's societal challenges into future opportunities through citizen science)다.

우리나라에서도 2010년 이후 〈시민 과학〉이 도입되어 점차 활성화되고 있다. 서울시에서는 정책 자료로 활용하기 위해 시민들과 함께 도시 생태계에 대한 데이터를 수집하기도 했으며, 식물의 개화 시기나 기후 변화의 징후를 기록하는 〈기후 변화 모니터링〉 프로젝트도 진행 중이다. 또 2012년부터는 어린이 과학동아와 장이권 이화여대 교수가 공동으로 생태 연구 시민 과학 프로젝트인 〈지구사랑탐사대〉를 시작했다. 우리 동네 쓰지 않는 가전제품, 휴대폰 수거와 같은 소소한 실천에서 수원청개구리 생태 분포 조사, 곤충 노래 생태지도 연구 등 대형 프로젝트까지 함께 하자며 탐사대원들을 모집한 〈지구사랑탐사대〉는 올해 11기가 운영 중이다. 올해는 가장 큰 규모로 3,600명이 참여했다는 이 시민과학 프로젝트를 통해 지난 12년 간 수집된 생물 종 데이터가 16만 건이나 된다고 하니, 시민 과학의 가능성은 대단한다는 생각이 든다.

사진 21 중국 SCi2U 개막식 장면

〈시민 과학〉은 대중들로 하여금 진행 중인 과학연구(Public Understanding of Research) 활동에 참여를 통해서 과학 연구에 대한 관심과 이해를 높일 뿐만 아니라 과학 연구의 방향을 함께 고민하는 중요한 공공 플랫폼이다. 뿐만 아니라 참여자 간의 네트워크를 형성하고, 과학을 공론의 대화 주제로 삼는다는 아주 큰 장점을 가지고 있다. 나아가 천문학이나 생물학 등 기초과학 분야를 넘어 수질이나 공기오염 문제, 교통서비스의 적절성 문제, 의학과 건강 문제 등 지역이 안고 있는 사회 문제들에까지 그 확장 가능성이 매우 크다. 하지만 더 확장하기에는 해결해야 하는 중요한 과제가 있다. 그것은 바로 모여진 데이터의 신뢰성이다. 데이터의 품질을 누가 검증하고 또 누가 어떻게 활용할 것인가의 문제다. 관심이 없는 보다 많은 시민을 참여하도록 하는 것. 그리고 모여진 데이터가 신뢰도 높은 시스템 안에서 검증되게 하는 것 그것이 도전의 과제로 남아 있다.

10

'PUS(과학 대중 이해)' 저널과 한스 피터스 피터 편집장

한 출판사가 AI와 관련된 주제로 시리즈 책을 출간 중이다. 이미 출간된 것과 출간 예정인 것을 합하면 540여 개의 다양한 주제를 다루고 있다. 〈AGI, 인공일반지능의 이해〉에서부터 〈AI와 심리상담〉, 〈AI와 몸〉, 〈AI와 인간 퇴보〉 〈AI와 인터랙티브〉에 이르기까지 주제를 보고 있노라면 AI가 얼마나 빨리 그리고 얼마나 촘촘하게 우리 삶과 사고와 세상을 리셋해 가는 지를 한눈에 볼 수가 있다. 매일 뉴스와 SNS의 엄청난 정보는 AI와 연관된 과학기술적 주제들을 우리에게 전달한다. 이미 코로나 팬더믹과 기후 위기를 통해 경험한 것처럼 우리는 정보의 홍수 속에서 산다. 그렇다면 이 넘쳐나는 지식과 정보는 어떻게 대중을 만나는가? 삶과 밀접하게 얽혀 우리도 모르게 우리 사회를 변화시키는 과학기술적 주제들은 어떻게 우리에게 전달되고 또 해석되는가?

1992년에 영국 런던에서 창간된 국제 학술지 〈Public Understanding of Science〉(PUS, 과학 대중 이해)는 바로 이러한 질문에 대한 답을 고민하면서 시작되었다. 과학기술의 사회적 영향이 커지고 "대중이 과학을 어떻게 이해하고 수용하는가"에 대한 학문적 접근이 필요해졌으며, 과학-대중의 상호작용에 대한 학술적 성과가 증가하면서 전문적인 저널이 필요해졌던 것이다. 저널의 이름 PUS는 당시 영국 왕립학회의 보드머 보고서(1985)에서 이름을 따온 것이다. PUS는 대표적인 다학문적 특성을 띠고 있으며 현재 사회과학 인용지수(SSCI)에 등재된 저널로 과학사와 과학철학, 과학 커뮤니케이션 및 STS(Science and Technology Studies) 분야에서 가장 영향력 있다.

과학과 일반 대중 사이의 상호작용을 더 깊이 이해하고, 과학 커뮤니케이션의 사회적, 문화적, 정치적, 교육적 영향을 탐구하는 논문들이 게재된다. 과학지식과 정보 그 자체보다는 정보가 어떻게 전달되고 해석되는지에 주목하기 때문에 지식 및 정보의 전달과 이해 및 학생들의 태도변화에 집중하는 과학교육의 논문들과도 분명하게 차별화된다. PUS에서는 과학이 완성된 것이 아니라 끊임없이 변화하는 사회적 행위라고 보면서, 정보의 '정확성'은 물론이고 그것이 전달되는 사회문화적 맥락과 전달하는 사람(메신저), 그리고 대중의 감정 및 정서 등을 종합적으로 다룬다. 과학은 이미 확립된 지식의 총체가 아니라 사회적 맥락 속에서 새롭게 구성되면서 또 수용되어 가는 것이고, 특히나 연구 중인 지식은 더욱 그러하다. 또한 1996년에 영국 컴브리아 지역의 양 농장을 대상으로 방사능 오염 관련 연구를 수행한 브라이언 윈은 대중에 대한 새로운 개념을 제시했다. 대중은 무지하거나 정보가 결핍된 존재가 아니라, 그들만의 오랜 경험과 세대를 걸쳐 내려오는 암묵적 지식을 통해 상황을 파악하는 실천적 지혜(practical knowledge)를 가진 주체라는 것이다.

PUS에 실린 논문들에 따르면 대중이 과학과 연관된 사회적 문제에서 불안감을 느끼는 것은 정보 부족 문제 때문만은 아니다. 무엇이 정확한 정보인지를 모르기 때문이기도 하지만, 과연 그 정보를 믿을 수 있는 것인지, 그것을 누가 말하는지 등에 관련된 신뢰의 문제이기도 하고 동시에 그것이 어떤 방식으로 전달되는지라는 커뮤니케이션의 문제이기도 하다. 때문에 우리 사회에서 공공연히 경험하고 있는 여러 음모론이나 가짜뉴스의 확산을 단순한 정보 부족 문제로만 이해하면서 대처하는 방식은 적절하지도 못하고 효과적이지도 않다. 특정 지역이 연관되는 환경, 보건, 에너지, 식품 등과 관련된 사회적 이슈, 특히 위험이 연관된 이슈를 다룰 때에는 정보 그 자체와 함께 그 지역 공동체가 갖는 경험과 문화적 배경 그리고 역사적 신뢰 관계 등을 고려하는 것이 매우 중요하다.

PUS는 해마다 8호를 출간되며 각 호당 약 7-8 편의 논문을 싣고 있다. 2009년에는 연간 130여 건이던 투고가 2024년에는 430건을 넘어섰는데, 이는 기후 위기, 코로나 팬더믹 그리고 인공지능 기술들이 우리 사회에 미치는 영향력이 그만큼 커졌기 때문이다. 투고된 논문의 약 13% 정도가 엄격한 심사를 거쳐 게재되고 있으며, 필자는 2011년에 국가 수준의 과학문화 실태 진단을 위한 지표 체제를 공동 개발하고 이를 한국의 5개 도시에서 측정하고 비교한 결과를 발표한 공저 논문인 〈How to compare the social foundations of science culture: A trial with five cities in Korea〉를 게재한 적이 있다. 오늘날 PUS는 정치가 과학 커뮤니케이션에 미치는 영향, 위험에 대한 과학자와 대중의 인식의 차이, 과학 지식의 사회적 구성, 미디어 보도의 역할과 프레이밍, 참여형 커뮤니케이션 현실과 모델 등의 주제 등을 다루고 있다.

이렇듯 세계적 권위를 갖는 PUS의 현재 편집장은 독일의 한스 피터스 피터 박사다. 세계 최고의 과학 커뮤니케이션, 특히 위험 커뮤니케이션 전문가 중 한 사람인 그는 쾰른대학교에서 물리학과 사회과학을 전공하고 독일의 율리히 연구센터(Research Center Juelich)에 연구원으로 조인했다. 원자력 관련 수백 명의 자연과학자와 공학자들이 일하는 과학 연구기관에서 사회과학 연구 그룹에 속한 그는 지난 40년 동안 과학 및 위험 커뮤니케이션을 연구해왔다. 그가 일하던 연구센터는 독일을 대표하는 국가 연구기관 연합체인 헬름홀츠협회(HGF, Helmholtz Association of German Research Centres)에 속하는 한 기관으로 산업, 환경, 건강, 우주, 에너지 등 국가와 인류 전체의 미래 문제 해결을 위한 응용 중심의 대형 과학 연구들을 수행하고 있다. 연구원들은 대학 시스템 외부에 위치해 있지만 대학과 긴밀한 관계를 맺고 있는데, 한스 피터스 박사도 베를린자유대학교에서 과학 저널리즘을 담당하는 겸임 교수로 평생 일했으며, 현재도 계속 강의하고 있다.

그는 젊었을 때 과학자가 되는 것이 세상에서 가장 좋은 직업이고, 기자가 되는 것이 두 번째로 좋은 직업이라고 생각했다고 한다. 그가 보기에 두 가지 직업의 공통점은 무언가를 알아내는 것이고, 알게 된 사실을 다른 사람들과 공유하는 것이라고 말한다. 그가 말하기를 "과학은 과학자들만의 독점적인 지식으로 생각될 수 없습니다. 과학은 공공재이며 사회의 맥락에서 그 의미와 함의는 공적인 담론에서 논의되어야 합니다. 지식의 공유로서의 과학적 소통은 감각 형성, 공동 구성, 혁신, 과학과 사회의 다른 부분과의 관계에 대한 대화를 통해 보완되어야 합니다."라고.

그와 필자의 친분은 아주 두텁다. 2002년에 PCST 네트웍의 집행 이사 중 한 사람이었던 그를 필자는 2006년에 아시아에서 처음으로 서울에서 개최되었던 제9차 세계과학커뮤니케이션(Public Communication of Science and Technology) 국제회의의 프리 컨퍼런스 조직위원장으로 초대했다. 당시 PCST-9 컨퍼런스의 사무국장으로 일하던 필자는 유네스코한국위원회와 함께 〈자연재해와 위험 커뮤니케이션〉을 주제로 그에게 특별 세미나를 요청했다. 제주도에서 1박 2일 동안 개최되었던 당시 세미나에는 국제적인 많은 전문가들이 참가했고, 특히 아시아의 참석자들에게 위험 커뮤니케이션이라는 새로운 분야를 널리 알리는 큰 계기가 되었다. 그가 집필한 〈위험 커뮤니케이션〉은 한국어로 번역되어 출간되었고, 2008년에 공동 집필한 논문 〈Interactions with Mass Media〉

는 사이언스지에 실렸다. 그의 노력에 힘입어 2014년에 결성된 아시아 과학한림원연합회(AASSA)는 자연재해와 위험 커뮤니케이션을 주제로 심포지엄을 개최해 오고 있으며, 2016년에는 국립광주과학관의 〈필사이언스 포럼〉에서 과학커뮤니케이션의 중요성을 다시금 강조했다.

그는 PUS의 편집장으로서 '좋은 편집자'가 되기 위해 늘 고민한다고 말한다. AI가 던지는 많은 도전에 직면하여 일시적인 유행보다는 깊이 있는 연구를 지지할 것이라는 그는 과학과 대중의 상호관계, 그리고 두 분야 간의 격차를 어떻게 해소할 수 있는지에 대한 다양한 연구를 발표하는 학술 포럼의 역할이 중요하다고 강조한다. 조용하지만 아주 중요하고도 필요한 역할을 담당하며 글로벌 커뮤니티를 움직이는 그의 노년을 응원한다.

제3부

미래를 준비하는 방식

1

갑진년(2024년)에 돌아온 연극 '침묵의 봄'

과학의 역사에서 일어난 중요하고도 획기적인 발견의 경우를 살펴보면 종종 두 세 명의 과학자들이 하나의 이론 혹은 법칙을 동시에 발견하는 경우가 있다. 과학사학자들은 이를 두고 '동시발견' 혹은 '다중발견'이라고 부르는데, 이는 과학적 창조성이라는 것이 개인적인 특성임과 동시에 그가 살았던 시대적 상황, 사회문화적 여건과 밀접하게 연관되었음을 시사한다. 이 때문에 찰스 다윈과 월러스가 거의 동시에 자연선택에 의한 진화론에 도달한 것을 두고 '시기가 무르익었다'라든지 아니면 그것은 '이미 공기 중에 있었다'라는 표현을 사용하곤 한다. 이러한 사례는 열역학 제1법칙인 에너지보존법칙의 경우에도 볼 수 있는데, 이 경우에는 그 동시 발견자가 마이어, 줄, 골딩, 헬름홀츠 무려 4명이나 된다. 기체 '산소'의 발견 역시 여러 명의 동시 발견자들이 있는데, 공식적인 발견자로는 프랑스의 라브와지에가 인정되고 있지만 반드시 그렇다고만 할 수가 없다.

만약 노벨과학상이 1901년으로부터 100년 전 혹은 훨씬 그 이전에 제정되었다면, 과연 누가 수상자가 될 수 있을까? 세계 2대 과학연극 중 하나로 평가되는 과학연극 〈산소〉는 노벨화학상 수상자이자 시인인 로알드 호프만 교수와 소설가인 칼 제라시 교수가 함께 집필한 것으로 유명하며, 노벨상 제정 이전에 인류에게 혁혁한 공을 세운 과학자에게 '제1회 거꾸로 노벨 과학상'을 수여하자는 이야기로 시작된다. 노벨상 위원회는 현대과학에서 가장 중요한 발견으로 화학혁명의 근간이 된 '산소'의 발견자를 선정하는데 의견을 모으지만, 여기에 복잡한 문제가 생긴다. 비록 '산소' 기체의 공식적인 발견자로 라브와지에지가 인정되었음에도 불구하고, 실상 산소 기체를 발견했다고 주장할 수도 또 인정받을 수도 있는 과학자가 두 사람이나 더 있기 때문이다.

그러면 과연 누구에게 상을 주어야 하는가? 산소에 해당하는 새로운 기체를 처음 발견했지만, 그것을 플로지스톤 이론이라는 기존의 틀 안에서 설명하던 영국의 프리스틀리일까 아니면 프리스틀리가 발견한 기체에 처음으로 '산소'라는 이름을 붙여준 프랑스의 라브와지에일까 그것도 아니라면 무엇인지도 모르지만 '산소'라는 기체를 발견했고 더욱이 노벨상을 수여하는 국가인 스웨덴 출신의 과학자 쉘레일까. 이 세 사람을 두고 벌어지는 주장과 토론의 연극 〈산소〉는 과학적 발견의 의미가 과연 무엇인지를 생각할 수 있는 기회를 주고 나아가 과학자들 역시 열정과 욕망을 가진 바로 인간임을 깨닫게 해준다는 점에서 많은 호응을 얻었다.

연극 〈코펜하겐〉은 〈산소〉에 견줄만한 또 하나의 대표적인 과학연극이다. 극작가 마이클 프레인이 연출한 이 연극은 현대물리학의 양대 축인 과학자 닐스 보어와 하이젠베르그의 만남을 다루고 있다. 1941년에 왜 하이젠베르그는 코펜하겐으로 닐스 보어를 찾아갔을까? 이 질문으로 시작되는 연극은 과학에서의 불확실성을 바탕으로 인간사에서의 불확실성을 조망한 것으로 1998년 런던에서 상영되었다. 이 연극이 특히 관심을 끌었던 이유는 그날의 만남 이후 두 사람의 절친했던 관계가 아주 멀어졌다는 점 그리고 인류 최대의 무기인 원자폭탄 개발 가능성을 다루었다는 점이다. 이 두 연극은 우리나라에도 도입되어 상연되었다.

그런데 올해 또 하나의 과학연극이 새롭게 준비되고 있다는 반가운 소식이 들린다. 바로 레이첼 카슨의 〈침묵의 봄〉이다. 미국어업국 직원으로 일하면서 해양생물에 관한 라디오 프로그램의 원고를 쓰던 카슨은 1958년에 친구로부터 한 통의 편지를 받게 되었다. 친구는 미 연방정부 소속 비행기가 모기방재를 위해 대규모 DDT를 살포했는데, 정작 죽어야 할 모기는 그대로 살아있고 새나 벌 같은 동물이 다 죽어갔다는 소식과 함께 연방정부에서는 계속 DDT가 안전하다는 말만 반복한다고 전해주었다. 이에 카슨은 이런 참혹한 소식을 듣고도 "침묵하고 있다면 그것은 스스로 평화를 깨트리는 일이다"면서 적극적으로 나서서 관련 데이터들을 모으고 피해자들과 과학자들을 면담해가며 글을 쓰기 시작했다. "새의 지저귐으로 시끄럽고 활기차야 할 봄이 왜 아무런 소리도 들리지 않고 조용한가?"라는 의문에서 시작된 그녀의 책 쓰기는 1962년에 〈침묵의 봄〉으로 출간되었으며, 출간 전부터 엄청난 대중적 관심을 받았다. 이 책을 계기로 전 세계인들은 지구환경의 중요성을 깨닫게 되었으며, 미국에서는 특히 환경운동이 시작되는 기폭제가 되었다.

레이첼 카슨의 〈침묵의 봄〉이 발표된 뒤 미국 의회는 1964년에 야생보호법을 제정했고, 1969년에는 국가환경정책법이 의회를 통과했으며, 국립암연구소는 DDT가 암을 유발할 수 있다는 증거를 발표했다. 그 과정과 결과로 1972년 연방정부는 DDT 사용을 전면 금지했고, 1970년에는 지구의 날이 처음으로 제정되었다. 그녀는 지구보호라는 궁극적인 목적에 도달하기 위해서는 화학 방재가 아닌 생물 방재의 방법을 사용해야 한다고 제안했다. 그녀의 노력과 경고 그리고 유산 덕분에 오늘날 우리는 다양한 형태의 환경문제에 대해 범지구적인 관심을 갖게 되었다. 화학공업 회사나 대농장주들의 비난과 공격에도 꿋꿋하게 제 길을 걸어갔던 그녀. 현대 환경 운동의 선구자적인 그녀의 실천적이고 선도적인 노력이 없었다면 DDP 등 화학약품의 무분별한 남용이 멈출 수 있었을까?

푸른 용의 해인 2024년 갑진년은 그녀가 세상을 떠난 지 60주년 되는 해다. 이탈리아의 한 대학에서는 그녀의 이야기를 연극으로 준비 중이다. 4월 14일 그녀가 세상을 떠난 날 초연될 예정이라는 연극은 전 세계에 다시 한번 환경의 중요성, 지구의 지속가능성의 중요성에 대해 커다란 관심을 불러일으킬 것이다. 과학연극 〈침묵의 봄〉이 2024년 한국에서도 공연될 수 있기를 기대해본다.

2

창조성의 문화: 개인인가 공동체인가

광주를 포함한 전라도 지방에 내려와 살면서 우리나라가 정말로 지방자치단체의 나라임을 실감케 하는 것이 바로 축제다. 봄도 그렇지만 겨울로 건너가는 가을의 남도는 햇빛과 풍광의 아름다움은 물론 이름만 들어도 사람을 설레게 하는 각종 축제로 즐겁다. 이순신 장군의 흔적이 남아있는 명량 축제뿐만 아니라 불갑산의 상사화 축제, 백양사의 단풍 축제, 장흥의 억새풀 축제, 정읍의 구절초 축제 그리고 강진의 황금들 메뚜기 축제까지. 자연의 변화와 역사적 전통 그리고 풍부한 먹거리를 주제로한 축제에서 전국의 사람들은 서로 만나고 웃음을 나누며 인생을 노래한다.

해마다 10월이 되면 지구 반대편 북구의 한 도시인 스톡홀름에서도 전 세계인들이 서로 모여 칭송하고 즐기며 격려하는 대규모 축제가 열린다. 인류 최고의 창의성으로 상징되는 노벨과학상 수상자들을 축하하는 노벨축제가 열리는 것이다. 올해도 많은 사람들의 기대 속에서 순차적으로 노벨상 수상자들이 발표됐으며, 일본은 작년과 재작년에 이어 노벨생리의학상을 단독수상하면서 다시금 세계 과학강국임을 보여주었다.

모두 25명의 노벨상 수상자 중 22명이 과학 분야인 일본은 2000년 이후만 놓고 보면 명실 공히 미국에 이어 세계 과학 2위다. 때마침 개최되었던 제20대 미래창조과학방송통신 위원회의 첫 국정감사장에서는 여야를 막론하고 우리나라가 언제 그리고 어떻게 노벨과학상을 수상할 수 있을 것인지에 대한 국회의원들의 시대적 고민이 쏟아져 나왔다. 또한 과학기술계는 물론이고 각종 언론에서는 일본의 힘은 과연 무엇이고 우리가 그들로부터 무엇을 배우고 준비해야 할지를 두고 다양한 분석과 의견들이 쏟아졌다.

그 중 눈여겨볼 만한 것이 지난 6월 세계적인 과학저널 '네이처'의 코멘트다. 여기서는 한국의 국내총생산(GDP) 대비 연구개발(R&D) 투자 비중이 세계 1위임에도 노벨상 수상자가 단 한명도 배출되지 않은 원인을 "한국에서는 과학 연구의 필요성을 가슴으로 깨닫기보다 돈으로 승부하려 한다"고 꼬집었다. 또한 국내 주요 일간지는 우리에게는 과학 기술의 거시적 흐름에 대한 통찰력, 젊은 인재를 가려내는 안목, 연구비를 공정하게 관리할 신망을 갖춘 과학 리더십이 우선 필요하다고 지적했다. 특히, 일본이 기초과학 선진국이 되기까지는 100년 앞을 내다보는 국가의 지원과 노력이 있었음을 강조하면서 자기만의 분야를 진득하게 파고들 수 있는 사회 분위기가 오늘날의 일본을 기초과학 강국으로 만든 요인이라고도 분석했다.

노벨과학상을 바라는 마음이 큰 만큼 그에 대한 분석과 제언도 다양하고 또 다채로운 정책들도 제시되지만, 노벨상 제정 100주년을 기념하여 개최한 세계 전시회만큼 직접적이고도 장기적인 답을 제시해주는 것도 없을 듯하다. 2001년 노벨재단은 지난 100년 동안 노벨상 수상자들이 보여준 창의성을 분석한 결과 "창조성의 문화, 개인인가? 공동체인가?"를 주제로 특별 전시회를 기획했고, 우리나라에도 2003년 이 전시회가 소공동 삼성건물에서 개최되었고 필자는 아주 영광스럽게도 이 전시회 개막식에 초청되었다.

과학적 창의성이라는 것이 개개인의 타고난 청재성에서 기인하는 것일까 아니면 그들을 성장시킨 공동체의 역량일까라는 근본적인 질문을 제기함으로써 과학자들이 속한 공동체의 중요성을 새삼 강조했던 이 전시회는 우리나라에 특히 시사하는 바가 크다고 할 수 있다.

실제로 역대 노벨과학상 수상 사례를 살펴보면 여러 가지 흥미로운 데이터들이 많다. 특히 수상자들 중에는 스승과 제자 관계가 많으며, 부모와 자식이 수상한 경우도 종종 나타나는데 그 중에서 가장 흥미로운 사례는 아무래도 4명의 수상자가 모두 혈연이자 결혼으로 엮여서 모두 5차례나 노벨과학상을 수상한 퀴리 가문일 것이다. 1903년 폴란드 태생의 마리 퀴리(Marie Curie)와 그의 남편 피에르 퀴리(Pierre Curie)는 방사능 물질을 발견한 공로로 노벨물리학상을 공동 수상했다. 남편 피에르가 불의의 교통사고로 죽은

사진 22 노벨상 100주년 특별전시회 도록 표지

후에도 연구에 매진했던 퀴리는 그로부터 8년 후에 앞서서 발견한 라듐(radium)과 폴로늄(polonium)으로 노벨화학상을 수상했다.

그로부터 한 세대가 지난 1935년에는 그들의 딸과 사위인 이렌느 졸리오 퀴리(Irene Joliot Curie)와 프레데릭 졸리오(Frederic Joliot)가 새로운 방사능 원소의 합성에 관한 연구로 노벨화학상을 공동 수상함으로써 이들은 모두 5개의 노벨과학상을 수상했다. 여기서 나아가 퀴리의 둘째 딸인 이브 퀴리는 남편 헨리 라부아스 주니어와 함께 1965년에 유니세프를 대표하여 노 벨평화상을 수상하기까지 해서 퀴리 가문은 사실 모두 다 노벨상을 수상하게 되었다.

우리 모두는 개인으로 태어나지만 동시에 공동체의 일원으로 태어난다. 가장 작게는 가족이라는 공동체에 속하고 태어난 마을이라는 공동체에 속하다가 일정 나이가 되면 학교라는 공동체 그리고 대부분의 일터가 모여 있는 도시라는 공동체의 일원이 되어 평생을 지내게 된다. 가정이라는 가장 작은 공동체는 가장 커다란 변화가 일어날 수 있는 공동체이기도 하며, 각 급 학교가 그러하고 또 크고 작은 도시가 그러하다. 20세기 현대 물리학을 창시했던 닐스보어는 어렸을 적 아버지가 집으로 독일의 인문학자, 철학자들을 초청하여 자연스럽게 담소를 나누는 장면을 보면서 성장했던 경험이 자신으로 하여금 아인슈타인과 반대되게 양자물리학의 코펜하겐 해석의 길을 열었다고 술회했다.

일본에서는 어렸을 적 아톰이라는 만화영화를 보고 자란 소년이 성장하여 로봇을 연구하는 과학자가 되었다는 이야기가 농담처럼 회자되기도 한다. 우리나라 경상북도 대구 근처에는 박사가 많이 배출되었다고 해서 아예 이름이 박사마을인 곳이 있다. 우리들 각자는 개인이지만 동시에 공동체를 구성하는 가족과 친구와 동료들에게 영향을 주고받는다. 각각의 단위에서 그러한 영향들이 모인 총체는 곧 공동체의 역량이라고 할 수 있다.

즉, 공동체의 창조적 역량은 창조적 역량을 가진 소수에 의해서만 키워지는 데는 한계가 있기 마련이다. 나부터 먼저 공동체의 역량 키우기에 나서야 하고, 공유된 방향성을 향해 하나 둘 참여하고 실천하다보면 공동체의 역량은 놀라울 정도로 커질 수 있다.

이런 점에서 올해 노벨생리의학상을 수상한 오스미 요시노리 도쿄공업대 명예교수(71세)의 말은 의미가 매우 깊다. 남들이 거들떠보지도 않는 분야에 집중해 50년 가까이 연구한 결과로 수상 쾌거를 이룬 그가 노벨상 상금 800만 크로나(약 11억원)를 "젊은 연구자들을 지원하는 데 쓰겠다"고 밝혔다고 한다.

노벨과학상을 수상한 것만으로도 충분히 일본 사회에 프라이드를 가져다주었을 그가 자신이 속한 공동체의 미래를 위해 기꺼이 상금을 기부하겠다고 선언한 것은 얼마나 신선하고 멋진 일인가! 공동체를 위해 내가 먼저 나서는 그의 용기가 노벨과학상 수상보다 더 빛나 보인다.

3

썩은 사과와 쿤의 패러다임 이론

"사과 몇 개가 썩었다고 상자째 버릴 수는 없지 않은가?" 이 유명한 대사는 2016년 미국비평가협회로부터 최우수작품상을 수상했던 영화 《스포트라이트》에서 등장한다. 하버드대학교와 매사추세츠공과대학교(MIT) 등 세계 최고의 명문 대학이 자리하고, 영국의 식민 통치에 항거했던 '보스턴 티 사건'으로도 유명한 도시 보스턴. 고풍스럽고 아름다운 이 도시에서 오랫동안 은폐되었던 추악한 사건을 다룬 영화 《스포트라이트》는 미국 3대 일간지 중 하나인 「보스턴 글로브」지 스포트라이트 팀의 멋진 활약을 다 루고 있다. 이 사건 탐사보도로 기자들은 퓰리처상도 수상했다.

보통의 다른 대도시들처럼 보스턴 역시 정치인, 종교인, 법률가, 사업가, 언론인 등 지 역의 상류층들이 지연과 학연, 그리고 종교적인 네트워크로 끈끈하게 연결되어 있었 다. 보스톤은 특히 백인 카톨릭 신자들을 중심으로 강한 네트웍이 형성되었으며, 이들은 지역사회 대부분의 정책을 결정하는 이너서클이었다. 영화의 주인공 중 한 사람인 스포트라이트팀의 팀장 월터 로빈슨은 그러한 이너서클의 한 멤버였다. 그는 백인이면서 보스턴에서 출생하고 학교를 다니고 성장해서 대학을 다녔으며 카톨릭 신자다. 그는 지역의 종교계, 법조계 인사들과 막역한 관계를 유지하며 그들과 친구이자 오랜 친분을 유지해오고 있었다. 그런 그는 가톨릭 보스턴 대교구 사제들의 아동성추행 사건에 대해 오랫동안 문제가 제기되어왔지만 이를 무시하거나 혹은 적극적으로 나서서 파헤칠 생각을 하지 못한다. 오히려 사건을 파헤치려고 하면 할수록 주변 인물들을 통해 회유당하고, 진실을 가리기 위한 고위층의 주도면밀한 조작은 더욱 힘을 얻어간다.

그러던 어느 날 「보스턴 글로브」지(誌)는 새로이 출현하던 온라인 신문들로 인해 경영난을 겪게 되고, 마티 배런이라는 신임 편집국장을 임명하면서 그 돌파구를 찾고자 한다. 또 한 명의 주인공이기도 한 마티는 진정한 돌파구는 언론이 제 기능을 하는 것이라고 주장하며 보스턴 시민들이 가장 필요로 하는 것, 그리고 가장 가치롭게 생각하 는 것을 언론이 제공해야 한다고 설파한다. 보스턴과 아무런 연관이 없는 그는 완전한 외부자로서 보스턴시를 객관적으로 볼 수 있는 인물이다. 그가 보기에 가톨릭 사제들의 오랜 만행은 고의적으로 은폐되어온 측면이 많았으며, 그것을 파헤쳐 보도하는 것이야말로 정통 언론으로서의 위상을 회복하는 것이라고 생각한다. 하지만 팀장 월터는 웬일인지 그와 관련된 사건은 이미 오래전에 종결된 사건이라며 적극적인 취재를 회피하고, 가톨릭

교구는 오히려 마티 국장을 조용히 불러내 회유와 협박을 이어간다. 사실 이 정도의 상황이 되면 많은 사람들은 방향을 바꾸어 타협하게 된다. 지역 유지들과 사교하며 적당히 이익을 취하면서 몇 년을 즐기다가 다른 곳으로 떠나면 그만일 것이었다. 하지만 마티는 그런 인물이 아니었다. 그는 오히려 정반대되는 인물로 타협이 아닌 정도와 본질을 선택한 인물이었다.

팀장 월터가 소극적이고 미적거리자, 마티 국장은 스포트라이트 팀에게 소리 내어 외친다. "모두 사실을 알고 있었으면서 구경만 했어! 알면서도 놔두었다고! 아이들한 테 그런 나쁜 짓을 하도록! 알겠어? 그 아이들은 너일 수도, 나일 수도, 우리들 누구라도 될 수 있었어! 이 쓰레기들을 잡아넣어야지. 이런 파렴치한 행동을 하고서는 그 누구도 도망갈 수 없다는 것을 보여주어야 해!"라고. 국장의 외침에 뒤늦게 자신의 본분이 사회의 문제점을 파헤치는 언론사 기자임을 깨닫게 된 팀장 월터의 지휘하에 스포트라이트 팀은 본격적인 탐사보도에 들어간다. 가톨릭 사제에게 피해를 입었다고 증언하는 피해자들의 목소리를 인터뷰하기도 하고, 그들을 오랫동안 홀로 외롭게 변호해온 변호사를 직접 찾아다니며 성범죄 정황을 취재한다. 2002년 한 해 동안에만 그들이 내보낸 관련 기사는 600건에 달했고, 이는 대단한 반응을 일으켰다. 미국의 가톨릭계는 물론이고 전 세계의 종교계가 엄청난 충격에 빠진 것이다. 많은 사람들이 종교계의 자정작용에 대해 논의하게 되었고, 동시에 언론의 기능이 과연 무엇인가에 대해 생각할 수 있게 되었다.

언론은 사회의 숨겨진 진실을 밝히고 권력의 부정부패를 고발하며, 성직자는 상처 입은 사람들을 위로하고 약자들을 보호하는 제 기능을 충실히 해야 한다는 것을 우리 사회에 일깨워주었다. 그러면 30년 동안이나 은폐되어왔던 엄청난 추행 사건이 마침내 세상에 드러날 수 있었던 비결은 무엇일까?

1962년에 출간되어 『성경』이나 프로이트의 심리학 책만큼 많이 인용된다는 토마스 쿤의 저서 『과학혁명의 구조』는 이에 대한 타당한 답을 제시해준다. 물리학 박사를 마치고 하버드대학교에서 과학사를 가르치게 된 그는 과학의 변화 과정을 '패러다임' 이론으로 설명했다. 코페르니쿠스적 혁명이라 불리는 지구 중심 우주론에서 태양 중심 우주론으로 대체되는 과정을 연구한 그는 하나의 패러다임 새로운 패러다임으로 전환되며 과학이 발전한다고 보았다. 과학적 패러다임이란 과학자들이 공유하는 이론적 틀, 규칙, 가정, 실험 방법론 등을 포함하는 개념으로, 과학 연구와 발전을 이끄는 기본적인 틀이다. 기존의 패러다임은 위기를 맞이하게 되는데, 위기는 기존의 패러다임 혹은 이론 안에서 해답을 찾지 못하는, 즉 해결되지 못하는 '이상한 문제(anomaly)'들이다. 기존의 패러다임에 속한 대부분의 과학자들은 이 해결되지 않는 '이상한 문제'들을 무시하거나 회피하거나 축소하거나 은폐하려는 경향이 크다. 어떻게든 '이상한 문제'들을 기존의 패러다임 안에서 설명해내려고도 애쓴다. 마치 보스턴의 이너서클들이 오랫동안 캐톨릭 사제의 아동 성 추행 문제를 무시하고 은폐하고 모르는척 해온 것처럼.

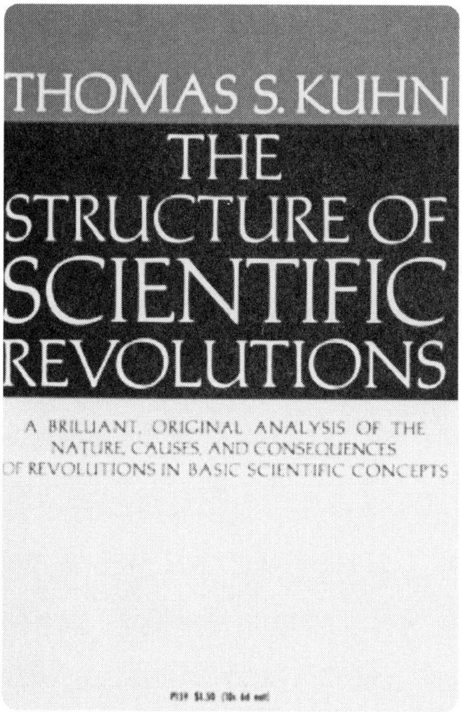

사진 23 토마스 쿤의 과학혁명의 구조 표지

그러다가 '이상한 문제'를 정말로 '이상한 문제'로 인식하는 사람들이 등장하게 된다. 쿤은 그러한 사람들이 출현할 때 비로소 기존의 패러다임이 폐기되고 새로운 패러다임이 등장한다고 말한다. 패러다임의 전환은 마치 정치적인 혁명, 종교적 개종, 심리학적인 게스탈트 전환처럼 완전히 다른 세계관을 제시하는 것으로, 쿤은 그 과정을 '과학혁명'이라고 불렀다. 그러면 '이상한 문제'를 '이상한 문제'로 인식하는 사람들은 누구일까? 즉, 과학혁명의 주체들은 누구인가? 쿤은 두가지 그룹을 언급한다. 하나는 새로운 세대,

젊은 세대다. 새롭게 전문 분야에 진입한 새내기들은 신선한 눈으로 기존의 패러다임을 바라본다는 것이다. 또 다른 그룹은 외부자들이다. 기존의 패러다임과 이해관계가 없는 사람, 기존의 패러다임으로부터 이익을 얻을 수 없는 사람. 기존의 패러다임에 물들지 않은 사람. 「보스턴 글로브」지(誌)의 마티 편집국장과 외로운 변호사 미첼과 같은 사람들이다. 마티는 말한다. "보스턴은 우리 같은 이방인들이 살기에 너무 힘든 곳"이라고.

놀던 판을 깨는 일은 누구에게도 쉽지 않다. 너무나 익숙해져서 편하기 때문이기도 하고, 또 굳이 판을 바꾼다고 해서 그리 달라질 것 같지도 않다고 생각하기 때문이다. '사과 몇 개가 썩었다고 사과 상자를 몽땅 버릴 수는 없지 않은가'라고 말하곤 한다. 하지만 썩은 사과를 골라내지 않으면 사과 상자 속의 모든 사과는 모두 썩어버린다. 이것이 썩은 사과의 법칙이다. 우리는 크고 작은 공동체에 속해 살고 있다. 그 공동체들은 때로는 학연으로 때론 지연과 혈연으로 혹은 종교적인 네트워크로 촘촘히 연결되어 있다. 그러한 공동체가 지속가능하기 위해서, 또 본래의 기능에 충실하기 위해서는 자정 기능과 견제 기능이 살아 있어야 한다. 그러한 기능이 살아 있게 하는 가장 좋은 방법은 젊은 세대에게 목소리를 낼 수 있게 해주어야하고 동시에 보다 열린 마음으로 외부자적인 시선을 받아들이는 것이다.

4

영화 《더 파더》가 말해주는 치매의 본질?

코로나 펜더믹이 막바지에 접어들 무렵 용기를 내어 네덜란드 출장길에 올랐다. 기내에서도 마스크를 계속 써야 했던 상황이어서 답답함은 말로 표현할 수가 없었다. 무료함을 달래기 위해 최신 영화를 둘러보던 중 국내에서는 아직 개봉되지 않은 영화가 눈에 들어왔다. 바로 《더 파더》라는 영화다. 영화를 고른 이유는 첫째로 이 영화가 다루고 있는 주제가 나의 치매라는 점 그리고 나에게는 90세 즈음의 양쪽 부모님이 네 분이나 계신다는 점이었다. 하지만 솔직히 말해서 더 매력적이었던 이유는 80대 고령임에도 혼신의 연기를 불태운 남자 주인공 때문이었다. 바로 안소니 홉킨스다. 그는 이미 2017년에 노벨문학상을 받은 가즈오 이시구로의 소설을 영화화한 《남아있는 나날》에서 몰락해가는 영국 명문 귀족 달링턴 경의 집사장인 스티븐의 역할을 완벽하게 소화했으며, 수석 가정부로 일했던 '미스 켄튼'(엠마 톰슨)과의 애잔한 러브스토리로 심금을 울린 적이 있기 때문이다.

영화 《더 파더》는 프랑스 극작가 플로리안 젤러가 쓴 동명의 연극을 영화화한 작품으로, 치매를 다룬 영화다. 이 영화가 보통의 영화들과 다른 점은 치매에 걸린 한 80대 노인의 시점으로 이야기를 풀어간다는 것이다. 치매를 다룬 영화들은 일반적으로 치매 환자를 돌봐야 하는 상황에서 가까운 가족들이 겪게 되는 상실감과 난감함 혹은 고통을 그리거나 치매를 관리하는 사회학적인 측면을 다룬다. 하지만 이 영화는 완벽하게 치매에 걸린 환자의 관점에서 보고 느끼고 경험하는 것들을 다루고 있다는 점에서 치매라는 질병에 대해서 훨씬 잘 이해할 수 있게 도와준다.

80대 노인 앙드레(안소니 홉킨스)는 은퇴한 뒤 런던의 한 아파트에서 홀로 살며 평화로운 일상을 보내고 있다. 그의 유일한 가족인 딸 앤(올리비아 콜맨)은 가까운 곳에 살면서 종종 남편과 함께 아버지를 방문하곤 한다. 그런데 어느 날 앤이 갑작스럽게 런던을 떠난다고 말한다. 그 순간부터 앙드레는 앤이 자신의 딸이 아닌 것처럼 느낀다. 늘 차고 다니던 손목시계를 어디에 두었는지 잘 기억이 나지 않으며, 끊임없이 딸에게 시계에 대해 이야기 한다. 마침 그를 방문한 사위를 알아보지 못하고 그가 그 시계를 가져간 나쁜 놈이라며 멱살을 붙잡고 고함을 친다. 방금 들었던 말도 정확히 떠올리지 못해 가족을 답답하게 만드는 그는 나중에는 자신을 돌보게 되는 요양보호사를 만나자 전혀 다른 모습을 보여준다. 마치 젊은 시절에 만난 여성과 데이트를 처음 나서는 청년처럼 수줍은 모습의 그는 그녀 앞에서 탭댄스를 추며 유혹한다. 아버지가 탭댄스를 춘

사진 24 영화《더 파더》의 포스터

다는 사실을 한번도 들어본 적도 또 경험한 적도 없었던 딸 앤은 놀라움과 충격에 빠져든다. 치매로 아버지의 숨겨진, 아주 깊숙한 기억이 자연스럽게 드러난 것이다. 한 때 잘 나가던 영리한 엔지니어였던 아버지, 항상 딸인 자신을 예뻐해 주고 칭찬해주던 아버지가 이제는 치매로 인해 과거와 현재를 구별하지 못한다. 자신이 도대체 왜 그런지 고민하면서 주눅이 들어가는 아버지를 바라보는 일은 딸에게 엄청난 괴로움이다. 동시에 아버지를 돌보아야 하는 딸의 일상은 마비가 되고, 그녀는 남편과 갈등으로 더욱 괴롭다.

평생 믿어왔던 모든 것이 흔들리는 시간. 사람들은 치매가 인간에게 가장 슬픈 병이라고 한다. 자기 자신이 누구인지를 잃어버리는 병이기 때문이다. 치매에 걸리면 뇌 속에 저장되어 있던 기억의 정보들이 가장 최근 것부터 순차적으로 삭제되면서 자신이 누구인지를 완전히 잊게 된다. 가장 사랑하면서 오랫동안 품어왔던 자식을 더 이상 알아보지 못하고 전혀 처음 본 낯선 사람처럼 대하는 상황은 얼마나 슬픈 일인가!. 오랜 시간을 같이했던 부부가 치매에 걸리게 되면 같은 요양원에 머물게 되어도 서로 남남처럼 대하게 된다면서 수간호사인 친구는 오래 전에 이야기해 준 적이 있다. "나는 잎을 모두 잃는 것 같다(I feel as if I'm losing all my leaves)"는 앙드레의 대사는 치매가 어떤 병인지를 잘 표현해주고 있다. 영화를 보는 내내 치매를 앓고 있는 아버지가 떠올라 눈물을 멈출 수가 없었다.

치매(dementia)는 전 세계적으로 우선순위가 가장 높은 공공보건 정책 이슈 중 하나다. 세계보건기구(WHO)에서는 2050년까지 60세 이상 전 세계 인구가 200억 명이 될 것으로 추정하며, 인구고령화가 급격히 진행되면서 치매 환자의 수도 급격히 증가할 것으로 전망하고 있다. 지난해 기준으로 우리나라 65세 이상 노인인구(1천만 명)의 10% 정도인 100만 명이 치매 인구로 추정된다고 한다. 노인 10명당 1명 이상이 치매 환자라는 이야기다. 우리나라의 고령화는 세계에서 그 어느 나라보다 빠른 속도로 진행되고 있다. 치매 인구는 2015년 65만 명(9.8%)에서 2050년에는 271만 명(15.1%)에 달하는 것으로 예측되며, 이는 세계 치매 환자(노인인구 대비)가 2015년 4,678만 명(7.6%)에서 2050년 13,146만 명(8.5%)에 달하는 상황과 비교해볼 때 그 속도가 엄청나게 빠르다. 2018년

「치매극복연구개발사업」 예비 타당성 조사 보고서에 따르면 우리 국민들은 치매를 가장 우선적으로 극복해야 할 질병으로 인식하고 있으며, 인구 고령화에 따른 치매 환자 및 사회적 비용 급증으로 국가 재정부담이 심화되고 있다고 느끼고 있었다. 또 국민들은 치매를 의료비 지출(34.3%), 환자·가족의 고통(54.8%) 그리고 발병 원인과 치료방식(26.4%) 측면에서 최우선 해결 대상의 질병으로 인식하고 있었다.

이에 정부는 2020년부터 치매극복연구개발사업단을 출범하고, 보건복지부와 과학기술정보통신부 공동으로 세부연구과제를 선정하여 지원해오고 있다. 치매안심 행복국가 건설이라는 비전 하에 향후 9년 동안 대학과 연구소 및 민간에 5,800억원을 지원함으로써 치매 관련 기술의 지속적인 육성을 꾀하겠다는 계획이다. 원인 규명 및 발병기전 연구, 예측 및 진단기술 개발, 예방 및 치료기술 개발을 주된 연구 내용으로, 치매 치료 및 예방의 최선도 국가로 발돋움하고, 치매 발병을 5년 늦추고 연간 치매 환자 증가속도를 50% 감소시킨다는 목표를 밝혔다. 한 예로 2020년부터 시작된 세부 과제들 중 조선대 치매국책연구단은 광주 전남 지역민 1만여 명을 대상으로 무료 치매 정밀 검진 진단을 실시하면서 생체의료 빅데이터를 확보해오고 있다. 이를 활용하여 치매 발병 원인 뿐만 아니라 한국인을 비롯한 동아시아인에게 특별히 치매를 유발하는 유전인자를 밝히겠다는 연구사업으로 몇 년 전 필자도 검진 진단에 기꺼이 참여했다. 이는 하루속히 치매 발병 원인이 밝혀져 우리 주변에서 많은 사람들이 겪는 수많은 고통이 빨리 사라지기를 염원하는 맘 때문이었다. 결국 과학기술 연구개발에 의한 진단기술과 신약 보급이 치매 문제를 해결하는 주된 방법이 될 것이기 때문이다.

영화 《더 파더》는 이후 우리나라에서 개봉되어 많은 사람에게 진한 감동을 주었고, 연극으로도 상영되어 유명해졌다. 60년간 연극계를 이끌어온 배우 전무송이 앙드레 역을 맡아 혼신의 연기를 해냈고, 그의 실제 딸인 전현아가 극 중의 딸로 출연하며 세간의 큰 관심을 모았다. 알츠하이머 치매는 정상적으로 생활해오던 사람이 후천적으로 다양한 원인으로 인해 기억, 언어, 판단력 등의 여러 영역의 인지기능이 떨어져서 일상생활에 상당한 지장이 나타나는 상태로, 특정한 조건에서 나타나는 증후군이다. 대부분의 경우에는 나이가 들어가면서 자연스럽게 발병하지만, 요즘에는 젊은 층에서도 심심찮게 나타나는 것이 특징이다. 과연 나이가 더 들면 나는 치매로부터 자유로울 수 있을까? 그러기 전에 치매를 진단하는 기술이 개발될 수 있을까? 과연 나는 치매가 발병하게 되면 어떻게 존엄함을 유지하면서 살아가야 할까? 이처럼 치매를 둘러싼 고민은 끝이 없다. 치매는 우리 시대 모두의 고민이다.

영화의 마지막 장면을 생각하면 지금도 가슴이 아리다. 자신을 돌보는 요양보호사의 품에 안겨 앙드레는 어린아이처럼 울면서 보챈다. 보호사가 묻는다. 왜 우느냐고? 그러자 앙드레는 말한다. "엄마, 엄마가 보고 싶어요."라고. 정말로 그가 살아온 지난 80 여년의 모든 기억은 다 사라져버린 듯하다. 모든 기억들이 사라지고 유일하게 남은 기억, 그것은 그가 세상에 태어나 인지하기 시작했을 때의 맨 처음의 기억인 것이다. 치매! 그것은 인간의 삶에서 과연 어떤 의미를 갖는 것인가? 치매의 본질은 과연 무엇이고 또 언제나 해결될 수 있을까? 아니면 풀리지 않는 영원한 숙제인가? 치매 그것은 분명 인류에게 던져진 과학적인 질문만은 아니다. 그것은 동시에 철학적이고 인간적인 질문이다.

5

런던 세계 엑스포가 인류에게 남긴 위대한 유산

세계의 유명 도시를 여행하는 사람들에게는 도시마다 꼭 가보아야 할 필수방문 리스트가 있다. 런던 여행자에게 추천되는 여러 곳 중 하나는 바로 런던이라는 대도시의 녹색 심장부라고 불리는 하이드파크다. 도심 한가운데 자리한 이 공원에는 울창한 숲이 우거져 있고, 푸른 잔디밭이 펼쳐져 있어 많은 사람들이 일광욕을 즐기곤 한다. 또 공원 가운데에 길게 위치한 호수에서 놀고 있는 새들을 바라보고 있노라면 어디 시골에 와있는 듯한 착각도 든다. 커다란 참나무 숲을 천천히 걷다 보면 상당한 높이의 건축물을 하나 만나게 된다. 금색으로 화려하게 장식된 이 탑은 앨버트 공 기념탑으로 탑 안에는 앨버트 공의 동상이 서 있다. 아홉 명의 자녀를 둘 정도로 빅토리아 여왕이 너무나도 사랑했던 앨버트 공(Prince Albert)은 1861년에 42세라는 젊은 나이로 안타깝게 세상을 떠났다. 남편을 잃은 슬픔을 견디고자 추진된 기념탑 건립 사업은 10년도 넘게 걸렸고, 1876년에 정식으로 준공되었다.

황금빛 기사 복장을 한 앨버트 공 동상은 왼쪽 손에 커다란 책자를 한 권 들고 있다. 그 책은 바로 1851년에 런던에서 세계 최초로 개최되었던 만국 산업 엑스포(The Great Exhibition of the Works of Industry of All Nations) 때 출품되었던 전시품들의 리스트를 담은 카탈로그다. 그가 살아생전 만들어 낸 최고의 업적이 바로 엑스포였음을 상징한다. 하이드파크는 바로 런던 엑스포가 개최되었던 역사적인 장소이며, 그는 엑스포 기획부터 준비와 추진까지 총괄 지휘했다. 사실 독일 출신의 앨버트 공은 여왕의 남편이었지만, 여왕의 남편이어서 정치에 관여할 입장이 되지 못했다. 때문에, 그는 상대적으로 탈 정치적인 분야인 산업과 과학 분야에 집중하게 되었고, 왕립기예학회(Royal Society of Arts) 회장을 역임하면서 당시 활발하게 활동을 시작한 'X-클럽' 과학자들과 영국의 산업적 우위를 유지하는 방안에 대해 고심하였다. 특히 엑스포 조직위원회에 기술자 스티븐슨이나 지질학자 라이엘, 과학행정가인 플레이페어와 같은 인물들을 영입했으며, 엑스포가 개최되기 3년 전인 1849년부터 직접 영국의 여러 지방은 물론 독일과 유럽 각지에 엑스포 홍보를 위해 앞장섰다.

하이드파크에 세워진 유리와 철제로만 지어진 최초의 조립식 건축물인 크리스탈 팰리스(Crystal Palace, 유리궁전)는 그 당시 유럽의 가장 핫플레이스였다. 빅토리아 여왕과 앨버트 공이 참석한 1851년 5월 1일 개관식으로부터 총 141일 동안 수 많은 사람들이 엑스포장으로 몰려들었다. 과연 사람들이 찾아올 것인가를 두고 개최 전날까지 우려가 많았지만, 엑스포는 놀라운 성공을 거둔 것이다. 잉글랜드와 스코틀랜드, 아일랜드 등에서 무려 600만 명, 전체인구의 약 1/3이 넘는 사람들이 방문했을 뿐만 아니라 프랑스에서는 귀족들이 배를 전세 내어 단체 관람에 나서기도 했다. 심지어 스코틀랜드의 공장 노동자는 한달 동안 월급을 절약하고 먹을 것도 아껴가면서 엑스포장을 찾아 그 놀라운 신문명을 맛보았다는 기록들도 남아있다. 당시 사람들이 크리스탈 팰리스에 열망했던 이유는 무엇이었을까? 그것은 햇빛이 투과되는 투명한 유리 건축물이 보여주는 신비감 때문만이 아니었다. 그것은 바로 산업혁명을 통해 새롭게 진입한 기계문명 시대의 성과물들이 보여주는 산업화 시대의 대향연, 그리고 과학과 산업과 예술의 콜라보가 만들어 내는 새로운 문화를 체험하기 위함이었다.

엑스포가 예상 밖의 성공을 거두면서 막대한 이익금을 남기자 이익금으로 무엇을 해야 할지를 두고 다양한 의견들이 제시되었다. 사실 당시 20만 파운드라는 이익금은 정부로부터 아무런 지원을 받지 않더라도 국제적인 차원의 어떤 행사도 치를 수 있는 규모이었다. 무려 1,000여 건의 활용 방안이 논의되었고, 결국 앨버트 공의 의견에 따라 켄싱턴 고어 지역, 즉 하이드파크 남쪽 지역에 토지를 구매하는 안으로 결정되었다. 그렇게 구매한 토지에는 곧 과학과 교육과 예술을 위한 여러 기관과 학교들이 옮겨오거나 새롭게 들어서면서 미래 세대에게 과학에 대한 꿈을 키우는 공간이 되었고, 시민들에게는 과학을 문화로 향유하는 장소로 변모되었다.

이렇게 조성된 사우스켄싱턴의 '전시회' 거리에는 오늘날 기초과학과 함께 항공, 우주, 생명공학을 다루는 런던 과학박물관이 들어서 있고, 찰스 다윈의 동상과 함께 그의 진화론을 널리 알린 헉슬리의 동상이 있는 자연사박물관이 있다. 또 산업 시대를 상징하는 예술품들을 전시한 빅토리아와 앨버트 박물관이 있으며, 영국을 대표하는 최고 이공계 대학인 임피리얼칼리지가 있다. 이와 함께 클래식 음악 콘서트는 물론이고 앨튼 존 같은 대중 가수들의 품격있는 공연이 제공되는 로얄 앨버트 음악홀도 자리하고 있다. 과학과 교육 그리고 예술이 어우러지는 문화 콤플렉스인 이곳은 런던을 찾는 전 세계 방문객들이 찾는 필수 장소가 되었으며, 파리의 에펠탑만큼이나 유명한 랜드마크가 되었다.

런던 엑스포는 이후 프랑스와 미국 등에서 교대로 개최되면서 첨단 기술을 가장 먼저 선보이는 산업품의 쇼케이스가 되어 수많은 기술적 진보를 선도했다. 또한 주최하는 도시의 낡고 쇠락한 시설과 지역들을 최첨단으로 리노베이션하는 기회가 되었고, 주최국의 품격을 높이는 계기가 되기도 했다. 하지만 런던 엑스포가 인류에게 남긴 정말 위대한 유산은 기성세대들이 미래세대를 위해 그 이익금을 사용하기로 결정한 일, 바로 그 현명한 결정과 실천에 있다.

6

"세계과학문화의 날"에 생각하는 한국의 과학문화

매년 9월 28일은 세계과학문화의 날(International day of the Scientific Culture)이다. 2020년 멕시코 과학커뮤니케이터 협회의 제안에 따라 자발적으로 시작된 이 챌린지 형식의 행사에는 올해도 전 세계 50여개 이상의 국가와 기관들이 참가할 예정이다. 참가의 방식은 간단하다. 과학 관련 기관들이 각급학교, 과학박물관, 거리, 극장 혹은 쇼핑센터 등 대중들이 많이 모이는 장소면 어디에서든지 과학적 가치가 갖는 의미와 중요성을 알리면 된다. 어린이와 교사, 퇴직한 과학자에 이르기까지 다양한 연령층의 사람들이 강연과 이벤트, 페스티벌과 실험 쇼 등의 다양한 방식으로 참여하는 이 행사는 "모두를 위한 과학(Science for All)"을 표방하며 전 세계인들에게 이제 우리가 과학문화의 시대를 살고 있음을 알리고 있다. 이 행사가 다른 국제 행사들과 좀 특별한 이유는 시작도 그렇지만 참여자들 다수가 인도, 멕시코 등 개발도상국들이라는 것이다.

2000년대 이후 우리나라에서도 과학문화의 중요성이 많이 강조되어왔다. 특히 2002년 〈청소년들의 이공계 기피 현상〉이 발생하고 큰 사회적 문제로 떠오르자 장기적인 대책을 과학문화에서 찾아야 한다는 목소리가 높았다. 그리고 그 중심에서 한국과학문화재단(한국과학창의재단의 전신)은 국가 차원의 과학문화 확산을 위한 다양한 사업을 기획하고 추진하였다. 특히 〈사이언스 코리아 운동〉은 '과학기술 중심 사회'를 표방하며 전국 규모의 10대 사업을 제시하였는데, 20년이 지난 지금 그중 대부분이 실현되었다. 유휴공간을 활용하여 초중등 학생들에게 체험수업을 제공하는 생활과학교실 사업, 과학방송국 설립 사업, 대한민국과학축전과 지역과학축전 사업 그리고 5대 권역에 국립과학관을 설립하는 사업들은 성공적으로 진행되어 뿌리를 내리고 있다. 시민들의 과학적 소양을 함양하고 청소년들에게 과학교육 서비스를 제공하는 중요한 축을 담당해 오고 있는 것이다. 그러면 지금의 대한민국은 20년 전과 비교해볼 때 과학문화의 수준이 많이 높아졌을까?

이 질문에 대해 선뜻 그렇다고 말하기는 쉽지 않다. 왜냐하면 분명 과학문화 활동을 위한 제도와 인프라 측면에서는 많은 진전이 있었지만, 과학과 관련된 연구 활동, 산업적 환경, 사회에 대한 기대 역할 등이 지난 20년 동안 아주 빠르게 그리고 상당히 복합적이며 다양한 양상으로 변모되었기 때문이다. 특히 과학과 대중의 일상적인 삶의 관계는 최근의 챗 GPT 사례가 보여주듯이 즉각적이면서 훨씬 긴밀해졌으며, 이러한 양상은 앞으로 더욱 가속될

사진 25 세계 과학문화의 날 포스터

것이다. 따라서 과거에 비해 현재 과학문화 수준이 높아졌느냐 아니냐를 비교하기는 어렵지만, 한 가지 분명한 사실은 과학문화가 지금 우리에게 더 절실하게 필요하다는 것이다.

과학문화는 과학을 위한 문화이기도 하지만 동시에 문화를 위한 과학이다. 한 사회의 과학문화가 정착되었다고 함은 과학이 대중적 문화자원이 되어 여가와 향유의 대상이라는 의미를 포함하여 과학이 추구하는 중요한 가치들이 개인들의 일상적인 삶에서뿐만 아니라 전체 사회에서 널리 통용되는 보편적 가치로 자리 잡았음을 의미한다. 그렇다면 과학문화가 추구하는 과학의 가치들은 무엇인가?

첫째, 〈비판적 사고〉다. 비판적 사고는 우리에게 사회적 현안에 대해 균형 잡힌 시각(balanced view)을 갖도록 안내한다. 오늘날 우리가 직면하는 거의 모든 사회적 이슈의 중심에는 과학기술이 자리하고 있다. 예를 들어, 최근의 후쿠시마 오염 처리수 방류 문제나 지속가능한 에너지 소스의 전환 문제, 그리고 얼마 전 모두가 경험한 코로나 백신의 문제는 정치적 이슈로 확대되었지만, 사실은 과학기술과 밀접하게 연관된 일상의 이슈다. 때문에 이것들과 관련된 정책들을 비교하는 데는 정확한 과학기술적 정보와 지식, 증거와 데이터가 무엇보다도 중요하다. 특히 요즘처럼 SNS가 발달하여 가짜뉴스 혹은 왜곡된 정보가 급속도로 전파되는 상황에서는 팩트와 가짜뉴스를 구별할 수 있는 안목이 무엇보다 중요하다. 또한 비판적 사고는 균형잡힌 시각에 토대하여 현명한 의사결정(wise decision-making)을 내리도록 도와준다.

둘째, 과학이 추구하는 주요 가치는 〈창의적 협력〉이다. 이를 통해 우리 인류는 과학기술에서 뿐만 아니라 문학예술 분야에서 지평을 넓히며 진보해왔다. 과학기술은 문학예술에 영감을 불러일으키고 또 문학예술은 과학기술에 새로운 통찰을 던져줌으로써 사회 전반의 다양성과 함께 질적 성장을 제고해왔다. 뿐만 아니라 창의적 협력은 우리가 직면하고 있고 또 앞으로 직면하게 될, 불확실성이 높은 복잡한 문제들을 해결하는 데 도움을 준다. 삶은 문제풀이의 연속이라고 할 만큼 우리는 매일 수 많은 문제들에 직면하면서 선택을 하고 또 해결책을 모색한다. 개인이든 조직이든 국가든 누구나 가장 좋은 선택을 원하지만, 최선의 선택은 그 누구에게도 항상 어려운 문제다. 창의적 협력을 통해 우리는 지속가능하면서도 효율적인 해결책을 찾을 수 있다.

올해 세계과학의 날 행사에 한국은 참여하지 않았다. 지난 20년 동안 과학문화 확산을 위해 다양한 정책도 만들고 5년마다 〈국가기본계획〉을 수립하여 단계별로 실천해오고 있지만, 아직 과학문화 분야에서는 국제사회와의 협력이 활발하지 못하다. 이제는 높아진 대한민국의 위상에 걸맞게 보다 적극적으로 국제사회 활동에 참가하여 국가적 위상을 보여줄 필요가 있다. 나아가 지난 20년 동안 우리나라에서 만들어낸 과학문화의 성공적인 사례들을 널리 공유하면서 국제사회의 리더 역할로서 글로벌 사회에 기여할 때다. 우리의 글로벌 지구촌이 보다 지속가능하며 살기 좋은 미래로 나아가기 위해서라도 내년에는 세계과학문화의 날이 대한민국에서 풍성하게 개최되길 기원한다.

7

케임브리지 니덤연구소와 '글로벌 인류'

푸른 뱀의 해인 을사년 2025년 새해가 밝았다. 새해를 맞이하는 풍경은 문화에 따라 지역에 따라 또 사람에 따라 아주 다양하다. 누군가는 떠오르는 태양을 보기 위해서 동해안 바닷가를 찾기도 하고, 또 누군가는 높은 산 정상에 올라 목청껏 새해 소망을 외치기도 한다. 언제부터인가 필자에게는 새해를 맞이하는 나름의 방식이 생겨났다. 그것은 1월 첫째 주 어느 날에 대학로에 위치한 오래된 한 중국집에서 오랜 인연의 선생님들과 점심 식사를 하는 것이다. 올해도 작년과 마찬가지로 한국 과학사학계를 개척했던 선생님들과 가볍고 즐거운 마음으로 식당을 찾았다. 하지만 올해는 좀 남다른 느낌이었다. 매년 뵙던 송상용 선생님을 더 이상 만나지 못하게 되었기 때문이다. 돌이켜보면 송 선생님과의 인연은 40년이 되었다. 1980년대 말 영국 유학 시절에 물리학 박사 과정 대신에 과학사와 과학철학 석사 과정으로 전공을 바꾼 필자에게 어느 날 한국에서 편지가 한 통 도착했다. 한 번도 만나 뵌 적이 없던 송 선생님의 편지였다. 편지에는 미래가 불투명한 상황에서 과학사를 선택해준 것을 매우 고맙게 생각하신다면서 격려와 응원을 아끼지 않으셨다.

지금도 간직하며 가끔 읽어보는 편지에서 선생님은 다음 해에 케임브리지대학교에서 중국과학사학회가 개최될 예정이며, 한국에서 본인을 포함하여 여러 선생님들이 참가할테니, 그 때 만날 수 있기를 기대한다고 하셨다. 마침 그 기간이 여름방학 기간이어서 기꺼이 그렇게 하겠다는 답신을 보냈고, 실제로 다음 해 여름 필자는 케임브리지대학교에서 송 선생님을 처음 뵙게 되었다. 뿐만 아니라 그곳에서 중국 과학사를 개척하고, 동서양 과학 교류의 역사를 재조명함으로써 동양 문명의 과학적 성취를 서구 학계에 알리는 데 결정적인 역할을 했던 세계적인 과학사학자인 조지프 니덤(Joseph Needham, 1900년~1995년)을 만나는 놀라운 기회도 갖게 되었다. 1991년 90회 생일에 후학들의 많은 축하를 받은 노학자 니덤은 "자신의 연구가 단순히 중국 과학을 기록하는 것을 넘어, 세계 과학사의 다원성을 인정하는 데 기여하게"된 점이 자랑스럽다면서 "자신의 연구가 미래 세대에 영감을 주고 동아시아와 서구 간의 학문적 이해를 증진시키는 데 기여하기를 희망한다"고 말했다. 지금 생각해도 세계적인 과학사학자인 니덤에게 한국의 1세대 과학사학자들이었던 전상운, 송상용, 박성래, 남문현 등 선생님들이 조그만 생일 선물을 전달하며 기뻐하던 장면은 생생하고 즐거운 기억으로 남아 있다.

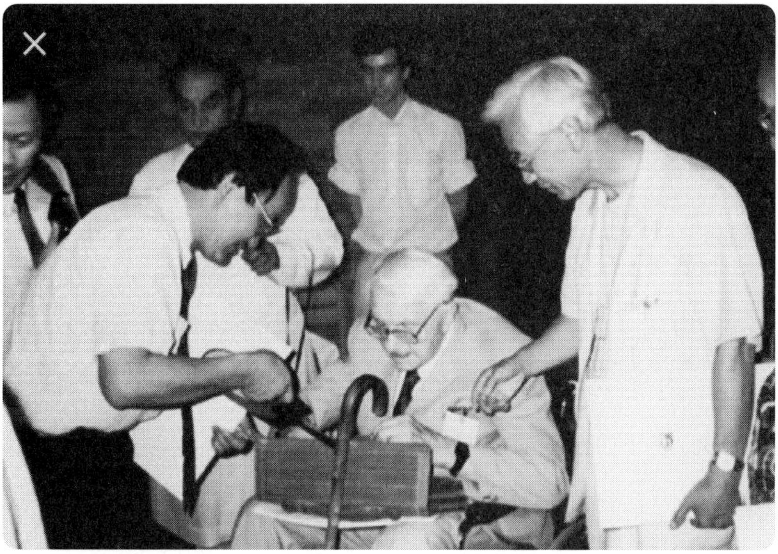

사진 26 케임브리지대학교 중국과학사학회에서 니덤

영국의 역사학자 중 세계적으로 가장 많이 알려진 조지프 니덤은 사실 역사학과는 거리가 멀었다. “20세기의 에라스무스”라고까지 불리는 그는 생화학자였다. 단백질, 효소를 연구하며 국제적인 명성을 쌓아가던 전도유망한 생화학자였던 그가 30대 후반에 접어들면서 중국과학사라는 완전히 새로운 학문 분야를 개척하고, 후학들을 키워내면서 〈중국의 과학과 문명(Science and Civilisation in China)〉이라는 세계적 과학 명저 시리즈를 출간하게 된 데는 한 여성과의 운명적인 만남이 있었기 때문이었다. 1937년에 그는 케임브리지대학교에서 생화학 교수로 재직하던 중 영국으로 유학 온 중국인 연구생 3명을 만나게 되었는데, 그들과 교류하며 중국어에 관심을 갖게 되었다. 그 중 루 구이전이라는 여자 연구원은

니덤의 연구실에서 일하면서 연구를 도왔는데, 그녀는 니덤에게 중국어 뿐만 아니라 중국의 유교, 도교, 불교와 같은 철학적 사상 그리고 과학, 의학, 기술 등 다양한 분야의 전통에 대해서도 소개해 주었다. 중국에 대한 호기심을 키워가던 니덤은 제2차 세계대전 중에 영국 정부로부터 영국왕립학회를 대표하여 중국을 방문하고 오라는 특별 요청을 받게 되었다. 대사관의 과학관(Science Councilor)이라는 기회를 활용하여 니덤은 당시 대사를 설득하여 충칭에 영중과학협력사무소(Sino-British Science Cooperation Office)를 개소하고, 그 대표라는 직책도 함께 부여받음으로써 중국의 과학전통을 쉽게 접할 수 있었다. 그 결과 1943년부터 45년까지 중국에 머물 수 있게 된 그는 자유롭게 중국 전역의 고문헌을 직접 수집할 수 있었고, 본격적인 중국 과학사 연구를 시작할 수 있었다. 루 구이전은 항상 그의 곁에서 고문헌 번역과 분석을 도와주었다. 그때 연구 결과 중 하나는 그 시작이 불분명했던 인쇄술, 자석, 화약이라는 3대 발명품이 중국에서 시작되었다는 것이다.

전쟁 후 니덤은 한동안 파리 유네스코(UNESCO)본부에서 자연과학부 초대 책임자로 일했다. 그는 원래 '교육'과 '문화' 사업에만 한정하려고 했던 UNESCO 지침서에 S(과학)을 끼워넣는 중요한 역할을 했다. 니덤은 '니덤의 문제'로 알려진, 즉 "과거 중국이 과학기술과 의학에서 세계를 선도했음에도 왜 근대 과학혁명은 서구에서 발생했는가?"를 제기하고 이에 대한 답을 추구했다. 방대한 저작인 〈중국의 과학과 문명〉은 이에 대한 답으로 책에는 천문학, 수학, 의학, 화학, 농업, 기술 등 다양한 분야를 포괄하며, 중국의 고유한 과학적 성취와 세계사적 영향을 체계적으로 분석하고 있다. 니덤은 이 책을 통해 서구 중심으로 기술되던 과학사를 비판하면서 세계 각 문명의 과학적 성취는 동등하게 평가되어야 한다고 주장했다. 또 중국, 일본, 한국을 포함하는 동아시아 과학사가 독립된 학문 연구 분야로 발전할 수 있도록 견인했다.

니덤의 업적과 철학은 1991년에 케임브리지대학교 로빈슨 칼리지 새 건물에 오픈한 니덤 연구소(Needham Research Institute, NRI)에서 계속되고 있다. 동아시아의 과학과 의학 및 기술의 역사를 다룬 방대한 서적과 출간물들을 소장한 이곳은 오늘날 동아시아 과학사 연구의 세계적인 허브로 자리매김했으며, 과학을 사회와 문화, 정치 및 경제적 요인과 결합하여 융합적 시각에서 설명하고 연구하고 있다. 연구소의 가장 중요한 기능은 니덤이 시작했던 〈중국의 과학과 문명〉 시리즈의 후속 작업을 계속하는 것으로, 중국과 일본, 한국, 베트남을 넘어 서양과 중동, 인도 등 다른 문명과 동아시아 문명 간의 과학 기술 교류를 다 학문적 그리고 다 문화적 접근하는 것이다. 또한 학술회의, 세미나, 워크숍 등을 개최하면서 국제 학자들이 동아시아 과학사를 논의하고 협력할 수 있는 장을 제공할 뿐만 아니라 대학원생과 박사 후 연구원들에게 다양한 연구의 기회를 제공하고 있다. 니덤 연구소는 서구에 자리한 동아시아 분야 세계 최고의 국제 연구소로 동아시아와 세계의 학문적 교류를 촉진하고 있다.

사진 27 당시 고 송상용 선생님이 필자에게 보낸 당시

올해도 우리는 한 해를 보내면서 수없이 많은 사람들을 만날 것이다. 어떤 만남은 스치듯 지나갈 것이고 또 어떤 만남은 자신의 삶과 세계의 역사를 바꾸는 결정적인 만남이 될 수도 있을 것이다. 중국에서 유학 온 한 여성 연구원을 통해 중국이라는 나라에 대해 호기심을 갖고, 중국에서의 과학과 기술과 의학과 문명을 재발견하고, 그 발견을 전 세계와 공유했던 니덤은 진정한 '글로벌 인류'였다. 과학과 기술과 의학의 발전으로 전 세계가 그 어느 때보다 글로벌해진 요즈음인데도 불구하고 국내는 물론 전 세계가 타인은 무시한 채 각각의 목소리만을 주장하고 있다. 을사년에는 우리 모두 니덤의 호기심과 열정과 실천을 닮아가자.

8

'뷰카(VUCA)' 시대 위기는 과학 외교로

우리나라도 폭우로 많은 인명과 재산 피해가 발생했듯이 지금 전 세계는 폭염과 폭우, 홍수와 가뭄으로 심각한 위험에 처해 있다. 방글라데시 남쪽 지방에 살던 사람들은 매년 기록적인 폭우로 농사짓던 땅과 정든 집을 버리고, 기후난민이 되어 도시의 최빈층으로 떠돌고 있으며, 커피의 주요 생산국인 중미의 온두라스에서는 '심기만 하면 잘 자란다던 커피나무는 이젠 옛말'이라며 긴 탄식을 쏟아내고 있다.

러시아가 발발한 우크라이나와의 전쟁, 그리고 전쟁의 장기화는 우리 모두에게 에너지가 얼마나 심각한 문제였는지를 다시금 절실하게 깨닫게 해주었으며, 몇 해 전 겪은 반도체 산업의 소재·부품·장비 공급의 위기는 원재료의 글로벌 공급망 확보가 국가의 안보 및 국민들의 삶에 치명적인 영향을 미친다는 것을 보여주었다.

지금 세계는 기후변화와 재난, 에너지 대전환, 물 부족 해결, 새로운 질병에 대한 대응시스템 구축 그리고 인구 증가에 따른 식량 확보라는 5대 글로벌 난제에 직면해 있다.

동시에 세계는 군사패권 시대와 경제패권 시대를 넘어 인공지능, 사물 인터넷, 빅데이터, 모바일 등 첨단 정보통신기술이 경제·사회 전반에 융합되어 혁신적인 변화가 일상화되는 4차 산업 시대의 한 가운에 놓여있다. 누가 먼저 글로벌 난제를 해결하고 또 새로운 먹거리를 창출할 것이냐라는 최첨단기술 확보 경쟁이 치열해진 기술패권 시대인 것이다.

하지만 아이러니하게도 지금 세계는 그 어느 때보다 협력과 연대가 필요한 시대이기도 하다. 새로 개발되는 신기술들이 시장 프렌들리(market-friendly), 인간 프렌들리(human-friendly)하기 위해서는 공통의 규범과 규칙을 만들어야 하고, 지구의 미래가 지속가능하기 위해서는 국제적 실천이 그 어느 때보다 중요하기 때문이다.

그렇다면 이 경쟁과 협력이 동시에 요구되는 기술패권 시대에 우리나라는 미래를 위해 무엇을 해야 하는가? 또 변동적이고(Volatile) 불확실하며(Uncertain) 복잡하고(Complex) 모호한(Ambiguous), 뷰카 시대에 우리는 무엇을 준비해야하나?

이에 대해 얼마 전 개최되었던 〈과학외교포럼〉에서는 기술혁신과 외교전략의 융합, 과학기술과 외교의 동행을 제일 우선 순위로 꼽았다. 한국과학기술단체총연합회 주관으로 개최된 제1회 세계한인과학기술인 대회의 마지막 세션으로 마련된 〈과학외교포럼〉

사진 28 한국과총에서 열린 제 1회 과학외교포럼 참가자들

에서 18개 국가에서 활동해오던 재외 한인 과학자들은 우리나라가 소득 3만 달러를 넘어설 것인가 아니면 중간 정도의 소득 국가로 그냥 머무를 것인가의 답은 바로 과학외교에 있다고 진단했다. 이들은 또한 과학외교의 패러다임을 대대적으로 바꾸어야 한다고 한 목소리를 모았다.

기존의 과학외교가 과학을 위한 외교(Diplomacy in Science)에만 머물렀다면, 이제는 외교를 위한 과학(Science for Diplomacy)이어야 하고 또 외교활동에서의 과학(Science in Diplomacy)이어야 한다는 것이다. 이미 반도체 산업의 사례에서 잘 드러나듯이 기술이야말로 세계 속에서 대한민국의 정치적 경제적 위상을 결정하는 가장 중요한 요소이기 때문에, 기술혁신과 외교전략을 둘 다 잘 아는 전문가를 확보하는 일이 매우 시급하다는 것이다.

그러면 필요한 과학기술외교 전문가는 어떻게 확보할 수 있는가?

여기에는 크게 두 가지 방법이 있다. 하나는 과학기술 분야 전문가들을 168개 국가 중 주요 국가의 대사관에 과학참사관으로 임명하여 과학외교의 첨병으로 활용하는 것이다. 한 예로, 주한이탈리아대사관은 환경미생물학을 전공한 프란체스코 캉가넬라 볼로냐대학교 교수를 2013년부터 장장 8년간이나 과학참사관으로 임명하여 과학외교에서 큰 성공을 거두었다. 당시 필자도 이탈리아 전시업체와 사업을 논의 중이었는데, 과학을 잘 아는 그의 도움 덕분에 2016년 〈레오나르도 다빈치: 타임머신〉 특별 과학전시를 성공적으로 추진할 수 있었다. 그가 없었다면 중간의 에이전시를 통하는 어려움에 더해 비용도 훨씬 더 들었을 일이었지만, 그가 과학 분야를 이해하고 있었기에 필자는 이탈리아 과학계와 지스트의 과학자들, 그리고 광주광역시와 이탈리아의 도시를 매개할 수 있었다.

또 다른 방법으로는 아예 새로운 과정을 만들어 과학기술 외교 인력을 전문적으로 양성하는 것이다. 이 경우에도 이탈리아 베니스국제대학교의 경우가 좋은 사례를 제시해주고 있다. 베니스국제대학교는 〈기후변화 시대 과학외교〉 과정을 개설하여 오늘날처럼 급변하는 환경 속에서 과학자와 정책입안자 그리고 외교관들 사이의 효과적인 파트너 쉽을 격려하고, 특히 젊은 세대의 리더십에서 정보의 관련성, 적시성, 신뢰성을 체크할 줄 알면서 다양한 이

해당사자들과의 커뮤니케이션이 가능한 인재를 양성하고 있다.

20세기 현대과학의 새장을 열었던 물리학자 하이젠베르크는 말한다. "전문가란 그 분야의 지식과 정보를 충분히 알고 있을 뿐만 아니라 그 분야가 앞으로 직면하게 될 문제점까지도 파악할 줄 아는 사람"이라고. 글로벌 재난의 시대이자 기술패권의 시대다.

과학기술에 대해 가장 잘 알고 있을 뿐만 아니라 그 기술이 가져올 문제점까지도 파악할 줄 아는 전문가, 그들이 전 세계의 외교 현장에서 대한민국의 새로운 도약을 위해 고군분투하는 모습을 곧 볼 수 있기를 기대한다.

9

'과학기술문화' 왜 지금 필요한가?

21세기 지금은 4차 산업혁명 시대이자 DNA 시대다. 빅데이터(Data), 네트워(Network), 인공지능(Artificial Intelligence) 등의 최첨단 기술혁신이 사회 전반에 빠르게 확산되면서 우리의 일상이 엄청나게 변화하고 있다. 챗 GPT로 대변되는 생성형 AI는 인간의 고유영역이었던 글쓰기, 그림 그리기, 말하기, 노래하기 등을 대신하게 되었으며 인간보다 더 인간적인 작품들을 쏟아내고 있다. 2017년에 개봉된 러빙 빈센트라는 애니메이션 영화를 만드는데 실제 인간 미술작가 125명이 투입되어 65,000장의 수채화를 그렸다고 하니, 인간이 기술을 활용하는 것이 아니라 기술이 오히려 인간을 활용하는 아이러니 상황도 발생한다. 새로운 산업이 창출되는 절호의 기회라는 4차 산업혁명이 가속화될수록 인간의 역할은 더욱 축소되는 것이 아닌가라는 불안감도 든다.

21세기는 또한 뷰카(VUCA) 시대다. 변동성(Volatility), 불확실성(Uncertainty), 복잡성(Complexity), 모호성(Ambiguity)의 약자를 상

징하듯 세상은 점점 더 복잡하고 불확실하며 모호해져서 미래를 예측하기가 어려워지고 있다. 17세기 과학혁명 이후 300년 동안 인류는 과학기술의 지속적이면서도 혁신적인 발전 덕분에 변덕스러운 자연 세계를 더 잘 이해할 수 있게 되었고, 내재된 규칙성을 토대로 기술을 발전시키며 눈부신 현대 기술 문명을 이룩해 왔다. 하지만 과학기술의 놀라운 발전은 전혀 예측하지도 못한 새로운 문제들을 야기하고 우리를 더 복잡하고 모호하며 예측하기 어려운 세상으로 옮겨놓기도 한다.

나아가 21세기는 정보 홍수 시대다. TV나 라디오 같은 전통 미디어는 물론이고 소셜 미디어와 개인 유투브에 이르는 다양한 미디어들은 매일 엄청난 양의 정보를 쏟아내고 있다. 원하는 지식과 정보는 언제 어디에서든 시간과 장소에 상관없이 쉽게 얻을 수 있다. 하지만, 정보와 엔터테인먼트가 결합되고, 대중적 열망과 정치적 편향이 더해지면서 무엇이 정확한 정보이고, 무엇이 가짜뉴스인지를 구별하기가 매우 어려워졌다. 정보는 넘쳐나는 데 정작 가장 필요로 하는 정보를 찾을 수가 없는 상황이고, 검증되지 않은 정보를 제공하는 불특정 집단에 대한 불신감은 그 어느 때보다 커지고 있다.

이렇게 재빠르게 변화하며 복잡하고 예측 불가능한 시대를 잘 살아가기 위해 우리에게 필요한 것은 무엇일까? 2016년 다보스 포럼에서는 "세상은 더욱 빠르게 변화하고 초연결사회가 되어 더욱 복잡해지고 분열되겠지만, 그럼에도 우리는 모두에게 이득이 되는 방향으로 우리의 미래를 설계해 나가야 한다."면서, 학생들이 갖추어야 할 16가지 스킬을 제시했다. 이것은 다시 크게 일상적인 문제 해결에 필요한 기초 문해력(Foundational Literacy)과 복잡한 도전에 직면할 때 필요한 역량(Competence) 그리고 변화하는 환경에 대응하기 위한 품성(Character Qualities)으로 세분된다. 이 16가지 역량과 품성 중에서 제일 중요한 것은 바로 창의력과 비판력 그리고 커뮤니케이션 및 소통력이다. 그렇다면 창의력과 비판력, 그리고 커뮤니케이션 및 소통력은 무엇으로 그리고 어떻게 키울 수 있는가?

과학문화(science culture)라는 용어는 주로 국내에서 사용되고, 서구에서는 과학적 문화(scientific culture) 혹은 과학 커뮤니케이션(science communication)으로 유사하게 사용된다. 과학문화는 강조점에 따라 과학을 위한 문화라는 측면을 의미하기도 하지만 동시에 문화를 위해 과학이 어떻게 사용되고 향유되는가를 의미하기도 하다. 일반적으로 과학문화는 과학과 관련된 연구 및 활동이 수행되거나 확산되며, 평가되거나 이해되고 향유되는 방식들 그리고 그 안에서 작동하는 규범이나 가치, 관행 및 태도를 총체적으로 의미한다. 나아가 과학문화는 미래의 과학연구자들을 키워내기 위한 사회적 활동 및 지지와 응원, 이공계 발전을 위한 정부 정책적 노력 그리고 과학자들을 대하고 바라보는 대중들의 인식 및 태도 등도 포함한다. 나아가 과학문화는 과학을 자원으로 혹은 소재로 사용하는 연극, 영화, 음악, 미술, 문학 등 다양한 형태의 대중적 예술 활동 등도 폭넓게 포함하고 있다.

과학문화가 포함하는 가치들은 대략 5가지로 요약될 수 있다. 첫째는 지식과 이해의 기초로서 경험적 증거를 강조하는 경험주의(Empiricism)이다. 둘째는 주어진 데이터를 평가하고 해석하는 데 있어서의 객관성(Objectivitiy)과 합리성이다. 셋째는 새로운 증거와 통찰력에 비추어 이론과 패러다임을 수정하려는 의지 및 주장이나 증거에 대해 갖는 비판성(critical thinking)이다. 넷째는 학문 분야들, 기관, 국경을 넘어 복잡한 과학적 문제를 함께 해결하려는 협력(Collaboration)이다. 그리고 다섯 번째는 새로운 발견과 도전 과제에 대한 솔루션을 추구하는 지속적인 개선 노력이자 창의성(Creativity)이다.

한 사회의 과학문화 정도는 국가별로 수행하는 과학기술에 대한 국민 이해도 조사를 통해 측정되고 있다. 1985년 일명 보드머 보고서로 불리는 〈대중의 과학이해(Public Understanding of Science (PUS)〉 보고서가 출간된 이후 처음 시작된 이해도 조사는 크게 다음과 같은 내용을 포함하고 있다. 대중들이 기초적인 과학기술 관련 지식과 정보를 얼마나 알고 있는지, 과학기술이 가진 다양한 측면을 얼마나 이해하는지, 과학기술이 얼마나 우리의 삶을 형성하는 중요한 인자인지 그리고 과학기술 활동에 얼마 정도의 지지와 응원을 보내고 있으며 또 보낼 수 있는지, 나아가 과학기술이 경제발전의 도구로서 물질적 풍요를 가져올 뿐만 아니라 대중적 삶의 질을 향상시키는 문화적 자원이라는 점도 이해하고 있는

지 등등이다. 1990년대 미국과 영국에서 처음 시작되었던 이 국민 이해도 조사는 우리나라에서도 2002년부터 매 2년마다 실시하고 있다. 과학기술정보통신부와 한국과학창의재단이 미국의 '과학공학 지표(Science & Engineering Indicators, SEI)'에서 활용하는 설문 문항을 활용하여 청소년과 일반인 대상으로 조사하고 그 결과를 발표해오고 있는 것이다.

과학문화가 형성되는 과정은 과학 커뮤니케이션이라는 실천적 행위들을 통해서다. 주로 아마추어 과학자들에 의해 수행되던 서구과학은 19세기에 들어 전문화(specification), 전문직업화(professionalzation)라는 특징을 띠며 발전해갔다. 동시에 전문화되고 어려워진 과학을 대중화(popularization)하려던 노력도 병행되었다. 제일 먼저 나타난 과학 커뮤니케이션은 소수의 관심있는 과학자들이 모여 비공개 학회를 만들고 자신의 연구 결과를 공유하는 것으로부터 시작되었다. 보다 대중적 과학커뮤니케이션은 실험 마차쇼, 저렴한 과학잡지 그리고 야외 대중 강연 의 형태로 나타났다. 영국의 경우에는 1826년에 마이클 패러데이가 왕립연구소(Royal Institution)에서 자신의 연구결과를 초청된 대중들에게 보여주는 실험쇼 강연을 처음 시작했고, 1851년에 빅토리아 여왕의 남편인 앨버트 공이 주도한 런던 세계엑스포에서 구체적인 과학과 특허 관련 전시물들을 내보이며 과학을 소개되었다. 엑스포 이후 남겨진 전시물들이 바탕이 되어 공식적으로 출범한 런던과학박물관은 고정적 전시물과 기획된 연계 프로그램으로 상시 관람객에게 개방되었고, 1973년에 처음 방영한 BBC 다큐멘터리 '인간등정의 발자취(The Ascent of Man)'나 미국 PBS의 '코스모스'는 TV를 통한 대표적인 과학 커뮤니케이션 사례가 되었다.

과학 커뮤니케이션은 TV나 라디오 등의 전통적인 매스미디어, 유투브나 페이스북 등의 소셜 미디어 및 뉴미디어, 대중 도서나 잡지 및 웹진, 페스티벌이나 이벤트, 대중강연이나 북콘써트, 과학 및 산업 박물관, 각종 체험 및 실험교실, 아웃리치 프로그램 등의 채널을 활용하여 과학과 대중을 연결하려는 일체의 실천적 노력들을 총칭한다. 과학 커뮤니케이션을 보다 효과적으로 그리고 지속적으로 수행하기 위해 전 세계 연구자들과 실천가들이 모여 연구하고 논의하는 장으로는 대표적으로 세계과학커뮤니케이션학회(Public Communication of Science and Technology)가 있다. 이 학회는 1989년 프랑스 도시 푸와티에에서 출발하여 매 2년마다 대륙을 돌며 국제 컨퍼런스를 개최하는데, 2006년 서울에서는 제9차 컨퍼런스가 아시아에서는 처음으로 서울에서 개최되었다. 이 서울 컨퍼런스를 계기로 한국과 일본, 중국 등 아시아 국가에서 과학 커뮤니케이션의 중요성을 크게 인식했으며, 한국은 서강대학교에 과학 커뮤니케이션 단기과정 및 석사과정이 신설되었고, 일본은 와세다대학교 등 5개 대학교에 미라이칸 과학관과 연계하는 과학 커뮤니케이션 석사과정이 생겨났다. 중국 역시 과학 대중화를 위한 전담 기구와 함께 과학 대중화 대학이 설립되었다.

과학문화의 패러다임은 크게 3단계로 진화되어왔다. 첫 번째 단계는 19세기 중반부터 시작된 과학 대중화(popularization of science)다. 과학 대중화는 결핍 모형에 바탕하는 것으로, 과학자 중심, 과학기술중심이다. 대중은 과학에 무지하기 때문에 과학 관련 지식과 정보를 일방향적으로 제공해주어야 한다는 접근 방식이다. 일반 대중이 과학에 접근하고 관심을 갖게 만드는 것을 목표로 하는 과학 대중화는 복잡한 과학적 개념과 발견을 단순화하여 재미있고 이해하기 쉬운 방식으로 전달한다. 과학이 단일하고 보편적이면서 자명하다는 전제에서 출발하는 과학 대중화는 주로 과학적 지식과 정보에 초점을 맞추어 흥미로운 발견이나 특이한 과학 현상을 설명함으로써 대중의 호기심을 불러일으키며 청소년들에게는 과학자들의 직업 세계를 소개해줌으로써 진로를 안내해주고 있다. BBC에서 제작 방영되는 다큐멘터리가 이에 해당한다.

두 번째 단계는 20세기 후반에 영국에서 시작된 과학에 대한 대중의 이해(Public Understanding of Science)로, 이는 국가적 특징에 따라 '대중의 과학참여(public participation of science)', '대중의 과학인식(public awareness of science)', '대중의 과학커뮤니케이션(public communication of science)' 그리고 '대중의 과학연구 이해(public understanding of research)'로 불리기도 한다. 이들을 모두 통칭하는 PUS 이니셔티브는 '대호모형'에 바탕하면서 과학적 개념이나 방법뿐만 아니라 과학의 사회적 영향에 대한 이해 촉진을 목표로 한다. 또 수요자인 대중들의 입장에서 과학을 바라볼 것을 주장하면서 대중들의 참여를 강조한다. 대중들이 갖고 있는 보통의 지식(lay knowledge)도 과학에서 상당히 중요한 역할을 담당하며, 대중이 과학을 신뢰할만한 지식으로 받아들이는 과정도 상당히 복잡하다고 이해한다. 또 PUS 이니셔티브는 대중을 과학정책에 영향을 주는 의미있는 행위자들이라는 보다 적극적인 입장을 취하면서, 정보를 바탕으로 한 '의사결정 시민(informed citizen)'을 목표로 한다. 대표적인 사례로는 합의회의(consensus conference)와 사이언스 숍(science shop) 그리고 1993년에 런던대학교와 런던과학박물관의 공동 추진한 '런던 PUS 세미나'가 있다.

세 번째 단계 역시 영국에서 21세기에 시작된 과학과 사회다. 200년에 영국 의회 과학기술특별위원회(House of Lords Select Committee on Science and Technology)는 '과학과 사회' 보고서를 발간하고, 대화모형을 수용하면서, 대화(Dialogue), 논쟁(Debate), 토론(Discussion)을 강조하는 과학과 사회 패러다임을 시작했다. 특히, 과학의 이슈를 사회와 문화에서 바라보는 '과학자본(Science Capital)'은 과학문화의 새로운 방향성을 제시했다. 개발도상국과 달리 선진국으로 진입하는 대부분의 국가들이 공통적으로 직면하는 문제가 바로 청소년의 이공계로의 진출 비율이 더 이상 증가하지 않는다는 것이다. 이러한 현상을 완화시키기 위해 런던대학교 교수들이 공동 개발한 '과학자본'은 한 개인이 비공식적 혹은 공식적 교육을 통해 습득하게 된 과학적 지식, 과학에 대한 태도, 실습 실험, 과학 클럽, 박물관 방문, 과학자와의 교류 등 과학 활동에의 참여, 교사, 가족, 동료, 멘토 등 과학에 대해 잘 알고 있거나 관련

되어 있는 개인과의 연결된 정도 등을 모두 포함한다. 개인과 사회의 '과학자본'은 다양한 경험과 상호작용이 더해지면서 더욱 커지고 확대되는 것으로 과학 대중화나 PUS 이니셔티브 보다는 훨씬 문화적이고 종합적인 패러다임이다.

오늘날 글로벌 차원에서 혹은 개별 국가적 차원에서의 정책적 이슈는 거의 모두 과학과 밀접하게 연관되어 있다. 특정 정책을 집행하는 데 국민적인 이해도와 신뢰도는 그 어느 때보다 중요하고, 국민적 반대에 부딪치면 그 어떤 정책도 실현하기가 불가능한 시대가 된 것이다. 때문에 과학 커뮤니케이션의 중요성은 더욱 커졌고, 신속하고 정확하며 효과적인 과학 커뮤니케이션의 역할은 아무리 강조해도 지나치지 않는다. 사실 지난 3년 동안 우리는 코로나-19 팬더믹으로 엄청난 경제적 손실과 극심한 사회적 혼란을 겪었다. 2023년에 노벨 생리의학상을 수상한 커린코 박사는 그녀가 십 수년 전부터 M-RNA에 대해 치열하게 연구해 왔고, 자신이 개발한 백신이 코로나 팬더믹의 종식을 앞당길 수 있어서 정말 기쁘다며 노벨상 수상 소감을 표했다. 그녀는 초기에 우리가 마스크를 쓸 것인지, 비누로 손을 씻을 것인지 아니면 백신을 맞을 것인지를 두고 많은 혼란을 겪었다고 말한다. 하지만 결국 많은 사람들이 과학 커뮤니케이션을 통해 바이러스의 과학적 특성을 이해하면서 백신접종을 수용하는 합리적인 판단, 정보에 입각한 의사 결정을 내렸고, 그 과정 중에 코로나의 긴 터널을 빠져나올 수 있었다는 것이다.

우리나라에서는 지난 해 일본 후쿠시마 오염 처리수 문제를 두고 갑론을박하며 많은 혼란을 겪었다. 오염수가 맞는지 오염 처리수가 맞는지를 두고 일반 대중은 물론 전문가들 사이에서도 견해가 달랐다. 삼중수소의 과학적 특성에 대한 과학자들의 설명이 다르고, 여기에 미디어가 다른 의견을 거의 동일한 무게로 다루면서 혼란은 더욱 가중되었다. 과연 누구의 의견을 신뢰해야 할 것인가라는 문제가 새롭게 부상되었다. 이제까지는 균질집단으로 이해되었던 과학자들이 특정 사안에 대해 상반되는 해석과 의견을 내놓을 뿐만 아니라 이들의 의견이 특정 정치세력과 연관되어 확대 재생산되면서 우리 사회는 극심한 정치적 양극화를 경험했다.

또한 SNS, 유투브 등 개인 미디어의 급성장에 따라 가짜뉴스가 빠르게 확산되면서 경제적 사회적 폐해가 급증하고 있다. 오로지 이익만을 추구하는 개인들의 욕망이 과장되고 왜곡된 콘텐츠를 만들어 유통시키는가 하면, 관련 지식을 갖지 못한 대중들은 쉽게 현혹되고 삶이 피폐해지고 있다. 과학 커뮤니케이션은 과학과 연관된 사회적 소통으로, 기후변화, 에너지 전환, 코로나 백신, 육식 소비 감소 등 현안이 되는 이슈들과 관련한 과학적 지식과 정보를 제공함으로써 대중들이 데이터 및 증거에 기초한 합리적 의사 결정을 내리도록 도와준다. 뿐만 아니라 서로 다른 과학자들의 입장을 공론의 장으로 이끌어 과학자와 정부, 일반 대중 간의 토론을 통해 대중들에게 정확한 정보를 제공해 준다. 과학문화는 사회적 이슈들과 연관된 과학적 내용과 정보, 태도와 입장들이 자연스럽게 사람들의 대화에 섞이게 한다.

흔히 과학 커뮤니케이션은 중립적이라고 말한다. 물론 우리가 고등학교 시절까지 배우는 물리학, 화학, 생물학, 지구과학 교과서에 등장하는 과학적 내용을 교육하고 커뮤니케이션할 때는 맞는 말이다. 하지만 최신기술, 예를 들면 인공지능 기술, 에너지 관련 기술 등은 그렇지 않다. 아직 연구개발이 진행 중인 과학에서는 특정한 입장이 배타적으로 반영되는 경우가 많다. 새롭게 도입된 AI 기술은 우리에게 놀라운 신세계를 열어주었지만, 동시에 상상해 보지 못한 부작용들도 가져다 주고 있다. 때문에 새로운 첨단기술이 우리 사회에 도입될 때 야기될 수 있는 법적인(Legal) 문제, 윤리적인(Ethical) 문제, 사회문화적인(Socio-cultural) 문제에 대한 깊은 고찰과 폭넓은 논의가 필요하다. 왜냐하면 첨단 기술은 결국 모든 사람들이 사용하는 기술이 될 것이며, 사회 전반에 적용될 때 첨단기술로 인해 특정 집단이 불이익과 불평등한 상황에 직면하면 안되기 때문이다. 과학문화는 바로 첨단기술의 인문사회과학적인 측면을 고찰하고 논의하는 기능을 담당한다.

마지막으로 과학문화는 과학을 문화적 자원으로 제공함으로써 과학의 중요성과 과학적 가치인 창의, 효율, 합리의 중요성을 사회 전반으로 확산시킨다. 4월 과학의 달과 4월 21일 과학의 날에 전국에서 펼쳐지는 다채로운 행사들, 지방자치단체 및 각종 기관에서 추진하는 축제 및 페스티벌, 전국의 5대 국립과학관을 비롯하여 130 여개에 달하는 국립, 공립, 사립과학관에서의 정규 전시와 특별 전시, 과학을 소재로 하는 각종 예술 활동 및 영화와 연극은 과학에서의 창의성을 자연스럽게 문화로 향유할 수 있는 기회를 제공한다. 이러한 대중적 활동은 자연스럽게 과학자 커뮤니티의 연구 활동을 지지하는 국민적 토대가 되며, 어렸을 적부터 아이들이 과학자로의 꿈을 키우도록 격려한다.

영국의 학자 터너는 과학이 문화화(culturalization of science)된다는 것은 "과학에 관한 가장 간단한 사실에 대해 무지를 표현하는 것이 더 이상 변명이 될 수 없는" 사회라고 정의했다. 하지만 이 정의가 실현되기는 거의 불가능할 것이다. 분명한 것은 우리가 사는 시대에는 과학에 대해 잘 알지 못하면 다른 사람보다 더 많은 어려움에 직면할 것이고 때때로 불평등한 상황에 놓일 수도 있다는 것이다. 과학문화는 보다 많은 사람들이 일상적인 대화에서 과학을 이야기하는 사회, 보다 많은 사람들이 정확하고 균형잡힌 지식과 정보를 토대로 논의하고 대화하면서 해결방안을 찾아가는 사회, 그럼으로써 개인과 사회의 지속가능성과 품격을 높이는 사회를 앞당길 것이다.

10

사랑도 과학처럼 할 수 있다면?

얼마 전 50대 이상 중장년의 사랑 찾기를 테마로 내세운 TV 프로그램인 〈끝사랑〉이 종영되었다. 사랑하는 사람을 만날 시기를 놓쳤거나 이러저러한 사정으로 인해 다시 싱글이 된 남녀 10명이 9일 동안 한 곳에 머물면서 서로를 탐색하고 알아가는 과정을 꽤나 흥미롭게 다루었던 이 프로그램은 비슷한 또래의 시청자들로부터 많은 관심을 받았다. 12회가 끝나기 전에 새로운 커플이 탄생하기를 고대하는 마음에서 필자도 시간 내어 시청하곤 했다. 참가자들은 모두 각자의 영역에서 어느 정도 삶의 경험도 쌓았고 또 포기할 것은 이미 포기했을 나이라고 생각되었기 때문에 적어도 2커플 이상은 탄생할 것이라고 예측했었다. 예측은 적중했다. 나머지 인생을 같이하고 싶을 만큼 사랑하는 사람을 찾겠다고 용기내서 나선 사람들에게 박수를 보낸다. 그러면 이렇게 만난 소중한 인연을 어떻게 지속할 수 있을까?

사람들이 보통 사랑에 빠지는 데 걸리는 시간은 단 0.2초라는 연구 결과가 있다. 2010년에 미국 시러큐스대학과 웨스트버지니아대학 연구진이 스위스의 한 대학병원과 공동으로 실시한 한 연구 결과에 따르면 사람들이 사랑에 빠지게 되면 뇌의 12개 영역이 동시에 작동해서 도파민과 옥시토신, 아드레날린, 바소프레신 같은 희열감을 자아내는 화학 물질이 방출될 뿐만 아니라 신경생장인자(NGF)의 혈액 수치가 현저히 높아진다는 것이다. 이 모든 과정이 일어나며 사랑이라는 감정에 빠지는 시간은 불과 0.2초라고 하니 참으로 인체의 신비가 놀랍기만 하다.

남녀 간의 사랑 뿐만 아니라 사람과 사람 사이에서도 첫눈에 서로를 알아보는 데는 그리 시간이 필요하지 않다. 특히, 인류의 지적 문명에서 커다란 업적을 남긴 과학자들의 경우를 살펴보면 서로가 서로를 한 순간에 알아봄으로써 공동 연구 파트너가 되어 나중에 놀라운 성과를 만들어낸 경우가 종종 있다. 그 대표적인 예가 바로 자전적 에세이인 〈이중나선〉을 집필한 제임스 왓슨의 경우다. "나는 이곳을 쉽게 떠나지 않으리라고 내심 다짐했다. 그와 몇 마디 나눠 보지도 않았는데, 우리는 이내 말이 통하는 사이가 되었다. 페루츠의 실험실에서 DNA가 단백질보다 더 중요하다는 것을 아는 사람과 만나게 되었다니! 시작부터 기분이 좋았다." 1950년에 제임스 왓슨은 미국 인디아나대학교에서 동물학으로 박사학위를 받은 후 코펜하겐대학교에 합류했다. 하지만 젊고 도전적이였던 그에게 코펜하겐대학교에서의 연구주제는 잘 맞지 않았다. 이후 캐번디시 연구소로 자리를 옮긴 그는 무언가 도전적인 연구주제를 찾고 있었는데 그보다 12살이나 많은 프란시스 크릭을 그곳에서 처음 만나게 되었다. 당시 크릭은 런던대학교와 케임브리지대학교에서 물리학으로 학위를 받은 뒤 캐번디시 연구소에서 X선을 사용하여 단백질의 분자구조를 연구하고 있었다. 국적도 다르고, 나이도 다르고, 전공도 다르고, 성격도 아주 상반되는 두 사람은 몇 마디 대화로 서로의 가능성을 알아보았으며, 이후 공동 연구자가 되어 캐번디시 연구소에서, 크릭의 집에서 그리고 케임브리지대학교 앞의 이글(Eagle)이라는 펍(술집)에서 수없이 만나 대화하고 토론하면서 DNA의 이중나선 구조를 밝혀나가게 되었다. 그리고 그 결과를 1951년에 네이쳐지에 게재하였으며, 그 성과를 인정받아 1962년에 노벨 생리의학상을 공동 수상하게 된 것이었다. 분자생물학이라는 새로운 생물학 연구 분야를 개척하면서 말이다.

또 다른 예는 역시 자전적 에세이인 〈부분과 전체〉를 집필한 물리학자 하이젠베르그의 경우다. "호텔 주변으로 가벼운 산책을 마치고 돌아오면서 코펜하겐으로 한번 방문해달라는 보어의 말에 나는 무척이나 기뻤다. 그와 헤어져 숙소로 돌아오면서 벌써 나는 빛나는 미래를 마음 속에 그리고 있었던 것이다." 1922년 이제 막 물리학 공부를 시작한 20대 초반의 청년 하이젠베르크는 스승인 좀머펠트가 마련해준 괴팅겐행 기차를 타고 보어 축제를 향했다. 보어 축제란 괴팅겐대학교에서 세계적인 물리학자인 닐스 보어를 초청하여 시리즈 강연을 개최한 것을 일컫는데, 이 축제가 열리는 6월이 되면 유럽은 물론이고 전 세계의 과학자들이 괴팅겐으로 모여들곤 했다. 당시 과학계에서는 “현대물리학이 궁금하면 괴팅겐행 기차를 타라”라는 말이 유행했을 정도다. 여타의 다른 과학도들처럼 하이젠베르크도 그의 강연을 듣게 되었고 오후 강연에서는 손을 들어 질문까지 하게 되었다. 하지만 어찌된 일인지 보어는 충분한 대답을 제시하지 못하고 나중에 호텔로 찾아오라며 강의를 마감했다. 그렇게 처음 만나게 된 두 사람은 호텔 주변을 가볍게 산책하면서 왜 물리학을 공부하려고 하느냐는 수준의 평범한 질문을 주고 받았다고 한다. 대학생 하이젠베르크와 세계적 명성의 닐스 보어의 만남은 어찌 보면 너무나도 흔한 만남이었을 수 있지만, 이후 두 사람은 20여 년간 가장 절친한 친구이자 동료이면서 사제로 대화와 토론을 벌이면서 양자물리학의 중요한 틀을 만들어 가게 되었다. 이 경우 역시 국적도 다르고, 나이도 다르며, 성격도 상반되는 두 사람이 서로의 가능성을 알아보았고, 그 과정에서 하이젠베르크는 불확정성 원리를 포함한 중요한 개념들을 고안하여 1932년에 노벨 물리학상을 수상했다.

세 번째 예시는 작년에 노벨 생리의학상을 공동수상한 카탈린 커리코와 와이스만의 경우다. M-RNA를 연구하는 분자생물학자 커리코와 면역학을 공부한 와이스만은 평소였으면 서로 만날 일이 거의 없는 경우다. “우리는 좀 재밌게 만났습니다. 1990년대 펜실베이니아대학교 복사기 앞에는 논문을 복사하려는 사람들로 항상 긴 줄이 서 있었지요. 기다리는 동안 우리는 자연스럽게 이야기를 나누게 되었고 서로의 연구 분야를 소개하게 되었습니다. 와이스만은 면역학에 대해 공부하고 있었고 저는 RNA 분야를 연구하고 있었어요". 이렇게 우연처럼 처음 만나게 된 두 사람은 그 후 공동연구자가 되어 20년 동안 실험에 대해 논의하고 실험 데이터를 해석하는 일로 저녁 늦게는 물론이고 새벽2시 혹은 3시까지도 이메일과 전화를 주고 받았다고 한다. 그리고 마침내 M-RNA 백신 개발의 성과를 인정받아 노벨상을 수상하게 되었다. 노벨재단과의 인터뷰에서 커린코는 "저는 이렇게 말했다 저렇게 말하는 성격입니다만 와이스만은 아주 직설적인 성격이예요…"라면서 자신과 와이스만이 국적도 다르고, 나이도 다르고, 성별도 다를 뿐만 아니라 성격도 완전 반대임에도 불구하고 완벽한 파트너쉽을 구축했다는 점을 자랑스럽게 이야기했다. 면역학에 관한 한 모든 것은 와이스만으로부터 배웠다는 그녀는 서로를 알아보았던 안목의 중요성을 다시금 강조했다.

우리는 누구나 한번 사는 인생을 잘 살고 싶어한다. 서로가 서로의 장점을 알아보면서 동시에 서로의 단점을 이해하고 보완해 주는 만남이 있다면 더 이상 바랄 것이 없을 것이다. 좋은 만남을 통해 성장도 하고 또 세상도 좀 넓게 그리고 따뜻하게 볼 수 있기를 원하기 때문이다. 그런데 0.2초 만에 사랑에 빠지게 되는 만남이든 복사기 앞에서 기다리기가 지루하여 대화를 하면서 이루어지는 만남이든 정작 중요한 것은 만남 그 자체가 아니다. 그것은 오히려 만남을 잘 유지하려는 노력일 것이다. 왓슨과 크릭이, 하이젠베르크와 보어가 그리고 커린코와 와이스만이 수십년 간의 만남을 지속할 수 있었던 비결은 잘 만나서라기 보다는 만남을 좋은 만남으로 만들려는 노력 때문이었다. 커리코가 강조하는 것처럼 상대방에게 열려있는 마음, 상대방과의 다름을 인정하고 참아주려는 인내력, 그리고 공동의 목표를 향해 정진하는 마음이 있었기 때문이었던 것이다. 조만간 〈끝사랑〉에서 만난 인연들이 좋은 결과로 시청자들에게 다시 찾아왔으면 좋겠다.

AI 시대 과학과 문화

초판 1쇄 인쇄 | 2026년 1월 10일
초판 1쇄 발행 | 2026년 1월 15일

지은이 | 조숙경
펴낸이 | 조승식
펴낸곳 | (주)도서출판 **북스힐**

등 록 | 1998년 7월 28일 제22-457호
주 소 | 서울시 강북구 한천로 153길 17
전 화 | (02) 994-0071
팩 스 | (02) 994-0073

홈페이지 | www.bookshill.com
이메일 | bookshill@bookshill.com

정가 15,000원

ISBN 979-11-5971-724-6

Published by bookshill, Inc. Printed in Korea.